工业和信息化普通高等教育"十二五"规划教材立项项目

21世纪高等教育计算机规划教材

COMPUTER

Java程序设计与实践教程

Java Programming and Practice

张勇 主编

陈丽萍 许荣泉 张帅兵 副主编

人民邮电出版社

北京

图书在版编目（CIP）数据

Java程序设计与实践教程 / 张勇主编. -- 北京 : 人民邮电出版社, 2014.9（2019.8重印）
21世纪高等教育计算机规划教材
ISBN 978-7-115-36045-8

Ⅰ. ①J… Ⅱ. ①张… Ⅲ. ①JAVA语言—程序设计—高等学校—教材 Ⅳ. ①TP312

中国版本图书馆CIP数据核字(2014)第169133号

内容提要

本书根据Java的语言特征以及Java课程教学的特点和基本要求，详细地介绍了Java程序设计的基础知识与面向对象的特性，并通过大量实例阐述了Java编程思想和编程方法。全书共16章，主要内容包括Java概述、Java基础、类与对象、继承、抽象类、接口与内部类、多态、语言包、异常处理机制、输入/输出流、Swing及事件处理、多线程、Java数据库编程、网络编程、综合案例和实验指导等。

本书可作为应用型本科院校、软件学院、高职院校计算机及相关专业的教材，也可作为Java程序开发人员的参考用书。

◆ 主　　编　张　勇
副 主 编　陈丽萍　许荣泉　张帅兵
责任编辑　许金霞
责任印制　彭志环　杨林杰
◆ 人民邮电出版社出版发行　　北京市丰台区成寿寺路11号
邮编　100164　　电子邮件　315@ptpress.com.cn
网址　http://www.ptpress.com.cn
固安县铭成印刷有限公司印刷
◆ 开本：787×1092　1/16
印张：14.25　　2014年9月第1版
字数：371千字　　2019年8月河北第8次印刷

定价：34.00元

读者服务热线：(010)81055256　印装质量热线：(010)81055316
反盗版热线：(010)81055315

前 言

Java 是目前主流的软件开发语言之一，从 Java 诞生到今天，它已经遍布软件编程的各个领域，特别是随着 Internet 的快速发展，Java 在 Web 方面的应用表现出强大的特性，在移动互联时代，Java 在手机开发领域也得到广泛的应用。

本书全面介绍了 Java 语言，阐述其面向对象的本质特征：封装性、继承性和多态性。本书汇聚一线教师多年教学经验，语言通俗易懂，各章内容循序渐进。

全书共 16 章。第 1 章介绍了 Java 背景及运行环境；第 2 章介绍了 Java 基本语法；第 3 章介绍了类与对象；第 4 章介绍了继承性；第 5 章介绍了抽象类、接口、内部类；第 6 章介绍了多态性；第 7 章介绍了语言包；第 8 章介绍了异常处理机制；第 9 章介绍了输入/输出流；第 10 章介绍了 Swing 及事件处理；第 11 章介绍了多线程；第 12 章介绍了数据库编程；第 13 章介绍了网络编程；第 14 章是综合案例——计算器；第 15 章是综合案例——酒店管理系统；第 16 章是实验指导。

本书由张勇任主编，负责全书整体结构的设计及统稿、定稿；陈丽萍、许荣泉、张帅兵任副主编。第 1 章由张勇和张帅兵编写，第 3 章、第 4 章、第 5 章、第 6 章、第 7 章、第 8 章、第 16 章由张勇编写，第 12 章、第 15 章由陈丽萍编写，第 9 章、第 10 章、第 13 章由许荣泉编写，第 2 章、第 11 章、第 14 章由张帅兵编写。书中所使用案例均在开发环境中调试通过。建议各章学时分配如下，在使用本书过程中可根据具体情况调整。

章	章　名	理论学时	实验学时
第 1 章	Java 概述	2	2
第 2 章	Java 基础	2	2
第 3 章	类与对象	4	2
第 4 章	继承	4	2
第 5 章	抽象类、接口与内部类	4	4
第 6 章	多态	2	2
第 7 章	语言包	2	2
第 8 章	异常处理机制	4	2
第 9 章	输入/输出流	4	2
第 10 章	Swing 及事件处理	6	4
第 11 章	多线程	4	2
第 12 章	Java 数据库编程	4	2
第 13 章	网络编程	2	2
第 14 章	综合案例——计算器	2	0
第 15 章	综合案例——酒店管理系统	2	0
	总学时	48	30

由于时间紧迫及编者水平有限，书中难免存在疏漏不足，敬请广大读者批评指正。

编者

2014 年 4 月

目录

第1章 Java概述

1.1 Java起源

Java是美国Sun Microsystems公司推出的一种面向对象的程序设计语言。Java的应用范围十分的广泛，例如，桌面应用系统开发、Web应用、嵌入式系统开发等。同时，由于Java是面向对象的，具有可移植性、安全性、多线程性等众多的优点，使得Java语言在推行之初就受到了业界的普遍关注和欢迎。

1991年，Sun公司在一个项目中需要设计一种计算机语言用于手机、PDA等电子设备，由于设备参数的局限性，需要语言必须非常小而且能够生成紧凑的代码，Java应运而生，它吸取C/C++的优点，摒弃了它们的不足，起初该语言命名为Oak，后来更名Java。1995年5月Java 1.0正式对外发布，1998年Sun发布Java 1.2正式对外发布，此后陆续发布新版本，2009年4月Sun公司被Oracle公司收购。

1.2 Java的语言特性

Java白皮书中在关于Java语言设计目标部分指出："To live in the world of electronic commerce and distribution，Java must enable the development of secure，high performance，and highly robust applications on multiple platforms in heterogeneous，distributed networks，threaded，dynamically adaptable，simple and object oriented." 因此，我们可以得出Java语言具有简单性、面向对象、分布式、健壮性、安全性、可移植性、多线程和高效率等特性。

1. 简单性

Java的简单性是指程序员无需经过广泛的培训就能使用Java语言。Java语言可以说是从C++语言转变而来的，因此其语言风格与C++语言类似，具有C++语言的优点，同时摒弃了C++语言中指针、多重继承、冗余等内容。所以，可以说掌握了C++语言后，Java语言将很容易被掌握。

2. 面向对象

Java是一种纯面向对象的编程语言，在程序开发时，它将现实世界中的所有实体都看作是要被处理的对象。将现实世界中对象的属性和行为分别用程序中的数据和方法来表示。该部分将在第3章详细阐述。

3. 分布式

分布式是指在计算机科学领域中，为了充分利用网络中多个计算机的处理能力，将一个需要巨大计算能力才能解决的问题划分成多个小的部分，分别交给不同计算机处理，并把各个计算机的处理结果进行汇总得到最终的处理结果。分布式一般包括数据分布和操作分布两个方面，其中数据分布是指将相关数据分别存储在网络中不同的计算机上，操作分布是指相关问题的处理分别放置在不同的计算机上进行。

4. 健壮性

Java 语言在设计之初就被要求其所开发的软件要具有较高的可靠性，因此它提供了较高的查错功能，包括编译时查错和运行时二次查错，因此许多问题在开发之初就能被发现。

5. 安全性

Java 的分布式特性就要求了其必须就具有较高的安全性。Java 摒弃了指针并提供了自动内存管理机制，有效地避免了通过指针和非法操作内存破坏系统的可能性。

6. 可移植性

Java 语言的可移植性是指其具有平台无关的特性，即程序可以在不同的操作平台运行，实质是一种“一次开发、到处运行”的语言。

7. 多线程

Java 的多线程特性是指 Java 语言能够开发一个同时处理多个事件的程序，同时其同步机制能够保证不同线程之间可以进行数据共享。

8. 高效率

Java 语言的高效率是指程序执行效率高。前面提到 Java 是一种解释型语言，但 Java 的执行效率要比一般的解释型语言的效率要高。原因有两个：一是 Java 语言设计了字节码，该字节码非常简单，其执行效率非常接近于机器码的执行效率；二是由于多线程的特性，Java 程序可以同时处理多个事件，相比之下，就比一次处理一个事件程序的执行效率要高。

1.3 Java 语言的工作原理

众所周知，任何程序设计语言都要被“翻译”成机器语言之后才能在计算机上运行。通常存在两种“翻译”方式，即解释型和编译型，其中解释型语言是对源程序解释一句执行一句，而且每执行一次源程序就要被解释一次，效率较低；编译型语言是在程序运行时直接被编译成一组能够被计算机识别的机器语言（即机器码），而且程序只在第一次运行时被编译，之后可以直接运行，其执行效率较高。

Java 程序语言既是编译型又是解释型语言。Java 程序在被执行时首先被 Java 编译器（javac.exe）转换成字节码，然后字节码被 Java 虚拟机（JVM）解释成机器码，最后再被执行，如图 1.1 所示。

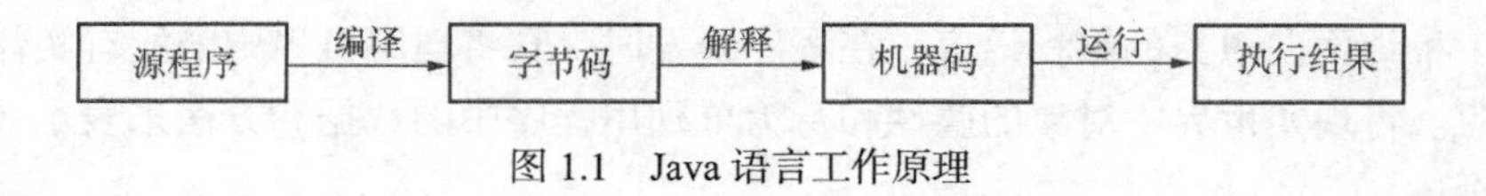

图 1.1 Java 语言工作原理

1.4 Java 的开发运行环境

Java 的开发运行环境指的是 Java 程序的开发工具和软/硬件环境。Java 程序的开发需要安装 Sun 公司的 JDK。

1.4.1 JDK 的安装

Sun 公司在开发 JDK 时，为不同的操作系统提供了不同的 JDK 版本，安装时需要根据自己的操作系统进行选择性安装，本书以 Windows 7 操作系统为例。JDK 的安装过程如下。

（1）登录 Oracle 公司网站（http://www.oracle.com）下载 JDK 工具包。在网页“DownLoads”选项卡的“Popular DownLoads”栏目中单击“Java for Developers”超链接。如图 1.2 所示。

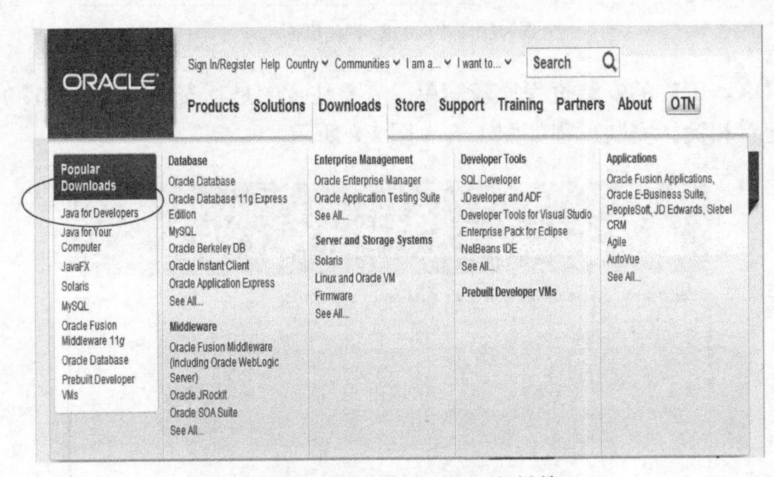

图 1.2 Java for Developers 超链接

（2）单击“Java for Developers”超链接后进入 Java SE 相关资源下载页面，单击“Java Platform (JDK) 7”的“DOWNLOAD”按钮进入 JDK 下载页面。如图 1.3 和图 1.4 所示。

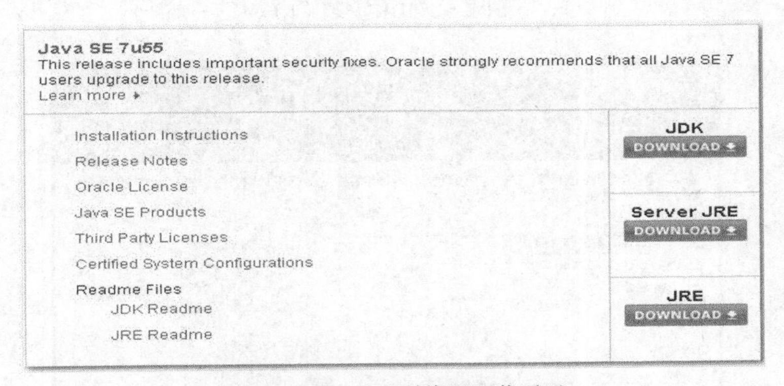

图 1.3 Java SE 相关资源下载页面

（3）在 JDK 下载页面中，首先选择“Accept License Agreement”单选按钮。在该页面中提供了 Windows 操作系统可以使用的两个版本：Windows x86 和 Windows x64，其中 Windows x86 是指 32 位操作系统对应的版本，Windows x64 是指 64 位操作系统对应的版本。

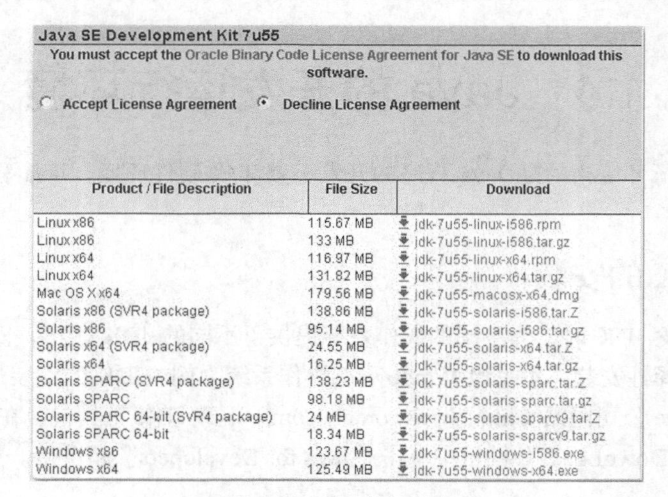

Java SE Development Kit 7u55

You must accept the Oracle Binary Code License Agreement for Java SE to download this software.

Accept License Agreement　Decline License Agreement

Product / File Description	File Size	Download
Linux x86	115.67 MB	jdk-7u55-linux-i586.rpm
Linux x86	133 MB	jdk-7u55-linux-i586.tar.gz
Linux x64	116.97 MB	jdk-7u55-linux-x64.rpm
Linux x64	131.82 MB	jdk-7u55-linux-x64.tar.gz
Mac OS X x64	179.56 MB	jdk-7u55-macosx-x64.dmg
Solaris x86 (SVR4 package)	138.86 MB	jdk-7u55-solaris-i586.tar.Z
Solaris x86	95.14 MB	jdk-7u55-solaris-i586.tar.gz
Solaris x64 (SVR4 package)	24.55 MB	jdk-7u55-solaris-x64.tar.Z
Solaris x64	16.25 MB	jdk-7u55-solaris-x64.tar.gz
Solaris SPARC (SVR4 package)	138.23 MB	jdk-7u55-solaris-sparc.tar.Z
Solaris SPARC	98.18 MB	jdk-7u55-solaris-sparc.tar.gz
Solaris SPARC 64-bit (SVR4 package)	24 MB	jdk-7u55-solaris-sparcv9.tar.Z
Solaris SPARC 64-bit	18.34 MB	jdk-7u55-solaris-sparcv9.tar.gz
Windows x86	123.67 MB	jdk-7u55-windows-i586.exe
Windows x64	125.49 MB	jdk-7u55-windows-x64.exe

图 1.4　JDK 下载页面

（4）安装 JDK。JDK 的安装过程比较简单，需要注意的是其安装路径。JDK 的安装目录与后面环境变量的配置相关，安装过程如图 1.5～图 1.8 所示。

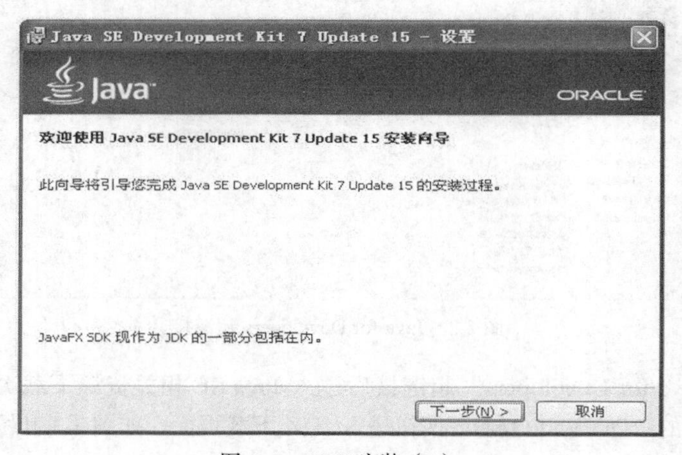

图 1.5　JDK 安装（1）

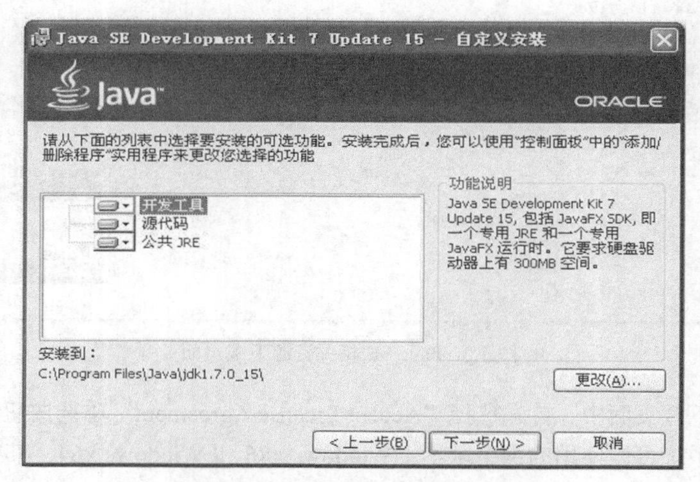

图 1.6　JDK 安装（2）

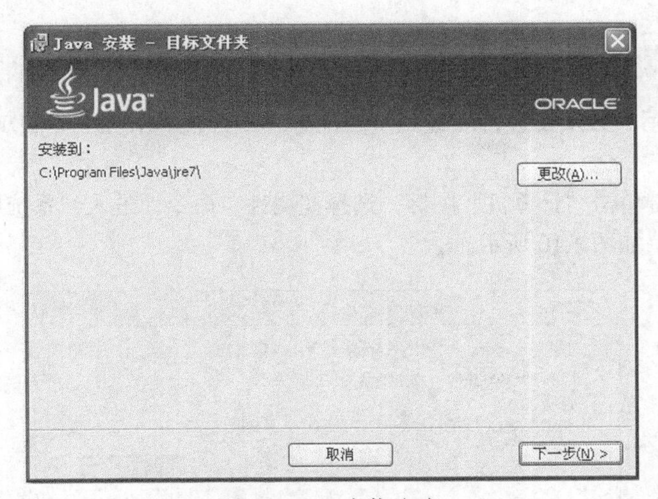

图 1.7　JDK 安装（3）

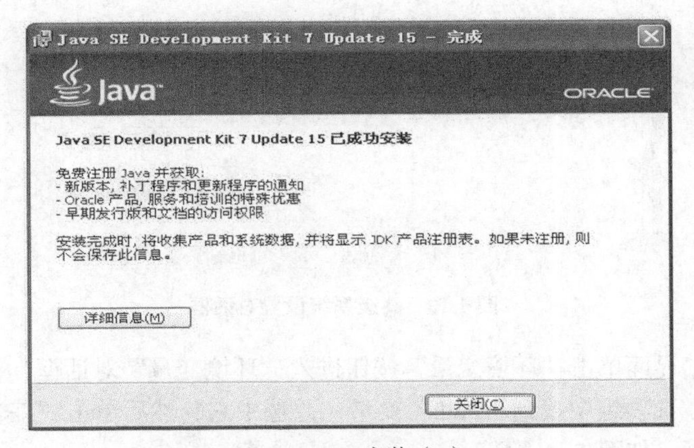

图 1.8　JDK 安装（4）

安装后的 JDK 目录如图 1.9 所示。

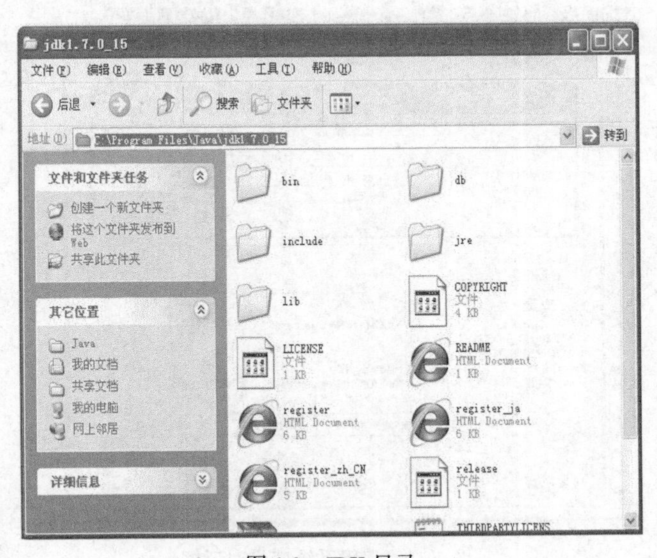

图 1.9　JDK 目录

1.4.2 环境变量的配置

JDK 安装完成后，必须要进行环境变量的配置才能开发 Java 程序。JDK 环境变量配置步骤如下。

（1）在桌面右键单击“计算机”图标，选择“属性”命令，进入“系统属性”对话框，并选择“高级”选项卡，如图 1.10 所示。

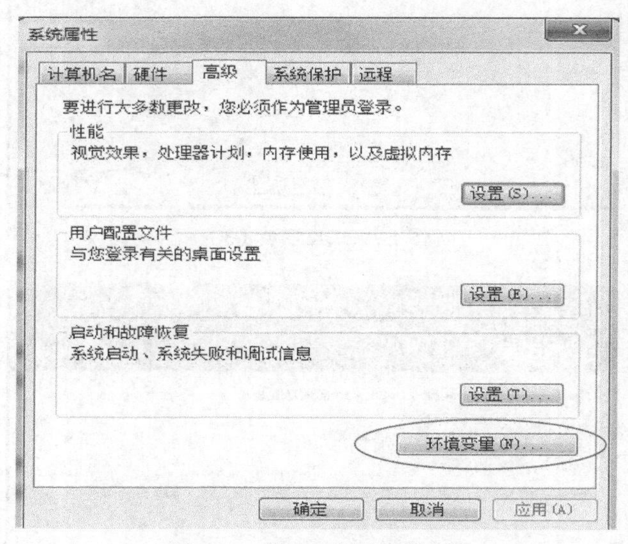

图 1.10　高级系统设置对话框

（2）在“高级”界面单击“环境变量”按钮进入“环境变量”对话框，在“环境变量”对话框中的“系统变量”选项组中找到“Path”变量，并选中它，然后单击“编辑”按钮，进入“编辑系统变量”对话框，如图 1.11 所示。

图 1.11　编辑系统变量对话框

（3）在“编辑系统变量”对话框中“Path”变量的变量值文本框中加入 JDK 的“bin”路径，本书的“bin”为“D:\Java\jdk1.7.0_25\bin”，注意，“bin”后面的分号不能少。

（4）在“开始”菜单中找到“运行”菜单，单击后输入“cmd”，进入“命令提示符”界面，输入“javac”后按〈Enter〉键，出现如图 1.12 界面时，表明 JDK 环境变量配置成功。

图 1.12　JDK 配置成功界面

1.4.3　第一个 Java 程序

JDK 环境变量配置成功后就可以进行 Java 程序的开发了。本节将编写一个简单的 Java 应用程序，要求程序运行结果是在 DOS 控制台上显示“This is a simple java application!”。Java 应用程序开发步骤如下。

（1）打开记事本，输入如下程序源码，然后将该记事本文件保存到 D 盘中，文件名为 Test.java。

```
public class Test{
    public static void main(String[ ] args){
     System.out.print("This is a simple java application!");
 }
 }
```

（2）在“命令提示符”界面输入“d:”将路径切换至 D 盘根目录下，如图 1.13 所示；然后输入“javac Test.java”，对该文件进行编译，如图 1.14 所示。编译无误后，则会在 D 盘根目录下生成 Test.class 文件。

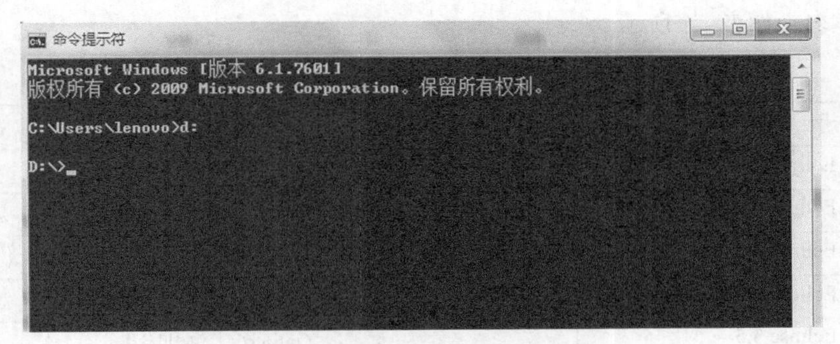

图 1.13　路径切换至 D 盘根目录

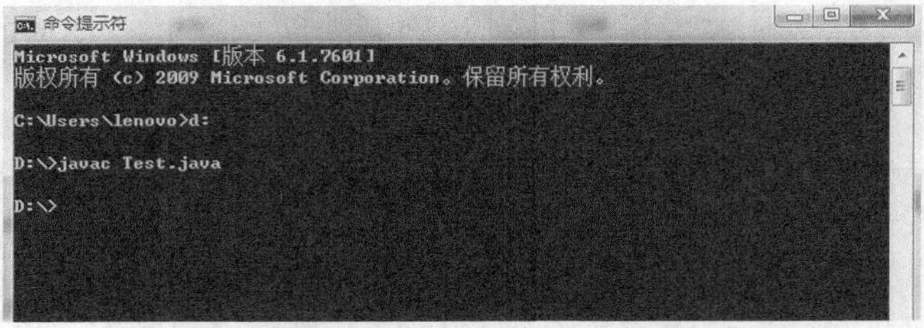

```
命令提示符
Microsoft Windows [版本 6.1.7601]
版权所有 (c) 2009 Microsoft Corporation。保留所有权利。

C:\Users\lenovo>d:

D:\>javac Test.java

D:\>
```

图 1.14　编译 Test 文件

（3）运行 Test.class 文件。在“命令提示符”界面输入“java Test”命令，则 DOS 控制台会显示出“This is a simple java application!”内容，如图 1.15 所示。

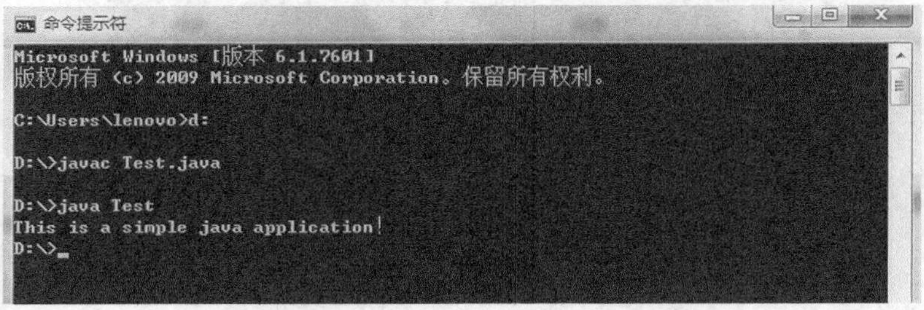

```
命令提示符
Microsoft Windows [版本 6.1.7601]
版权所有 (c) 2009 Microsoft Corporation。保留所有权利。

C:\Users\lenovo>d:

D:\>javac Test.java

D:\>java Test
This is a simple java application!
D:\>_
```

图 1.15　程序运行结果

在该程序中，“public class Test”为类的声明语句，public 表明该类为一个公共类，class 为声明类的关键字，Test 为类名。“public static void main (String[ ] args)”表明在类 Test 中定义了一个主方法，其为程序的入口点。static 表明该方法为一个静态方法，void 表明该方法的返回值为空，main 为方法名，args[ ]是该方法的参数，是一个字符串数组。System.out.print( )是 Java 中信息输出语句，System 是 Java 类库中的一个类，out 是 System 类中的一个对象，print( )为 out 对象的一个方法，其参数为字符串类型。

1.4.4　开发工具 Eclipse

Java 的开发工具很多，如 JCreator、NetBeans 和 Eclipse 等。Eclipse 是一个基于 Java 的、开放源码的、可扩展的免费应用开发平台，它为编程人员提供了一流的 Java 集成开发环境。它是一个可以用于构建本地和 Web 应用程序的开发工具平台，它可以通过插件来实现程序的快速开发。Eclipse 有多个版本，可以去其官方网站“www.eclipse.org”下载。Eclipse 自 3.1 开始使用木星的卫星作为版本名，如表 1.1 所示。

表 1.1　　Eclipse 版本及代号

版　本	版本代号
Eclipse 3.1	IO 【木卫 1，伊奥】
Eclipse 3.2	Callisto 【木卫四，卡里斯托 】
Eclipse 3.3	Eruopa 【木卫二，欧罗巴 】
Eclipse 3.4	Ganymede 【木卫三，盖尼米德 】
Eclipse 3.5	Galileo 【伽利略】

续表

版　　本	版本代号
Eclipse 3.6	Indigo 【靛青】
Eclipse 3.7	Indigo 【靛青】
Eclipse 4.2	Juno 【婚神星】
Eclipse 4.3	Kepler 【开普勒】

这里以 Eclipse 3.6 为例演示其安装过程，如图 1.16～图 1.19 所示。

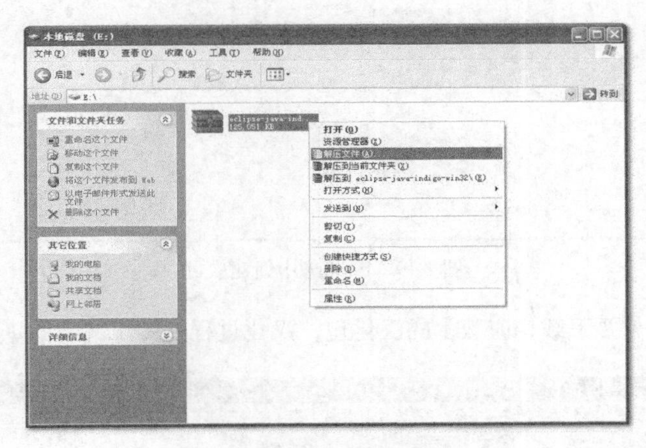

图 1.16　解压 Eclipse 安装包

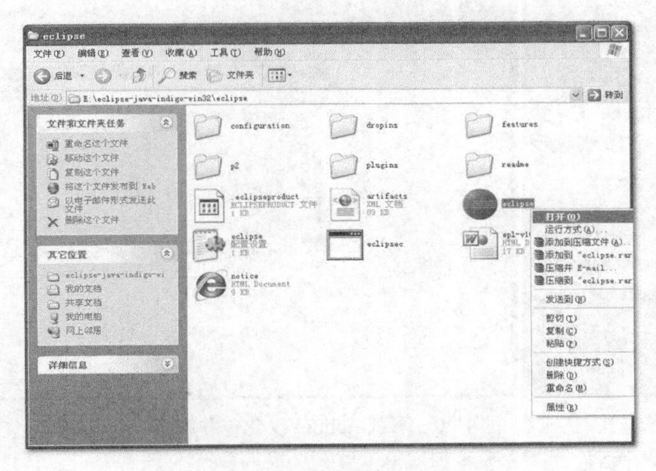

图 1.17　打开 Eclipse

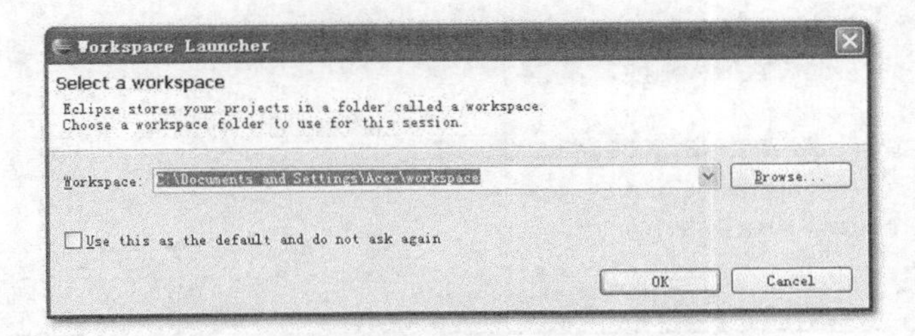

图 1.18　设置 Eclipse 工作区

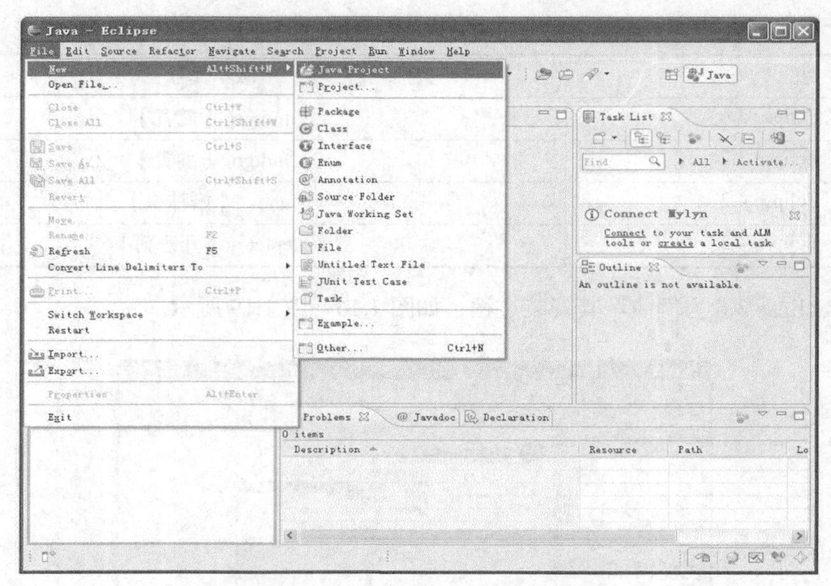

图 1.19 Eclipse 中新建项目

如果需要汉化还需要下载相应版本的汉化包，汉化过程如图 1.20、图 1.21 所示。

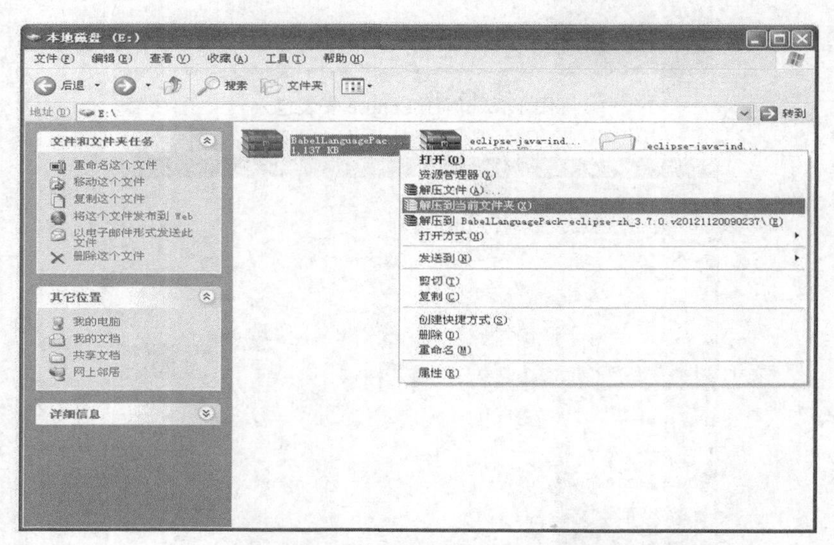

图 1.20 下载 Eclipse 汉化包并解压

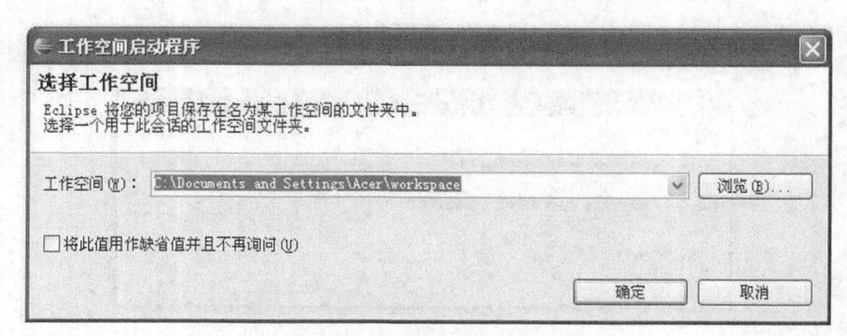

图 1.21 Eclipse 汉化后界面

在 Eclipse 中新建一个项目，如图 1.22～图 1.28 所示。

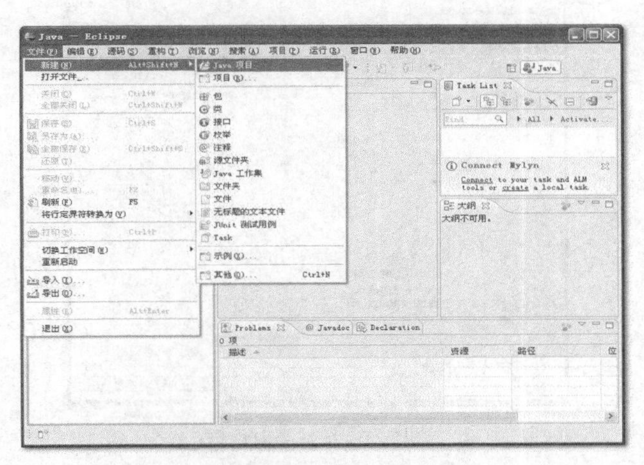

图 1.22　Eclipse 汉化后界面中新建项目

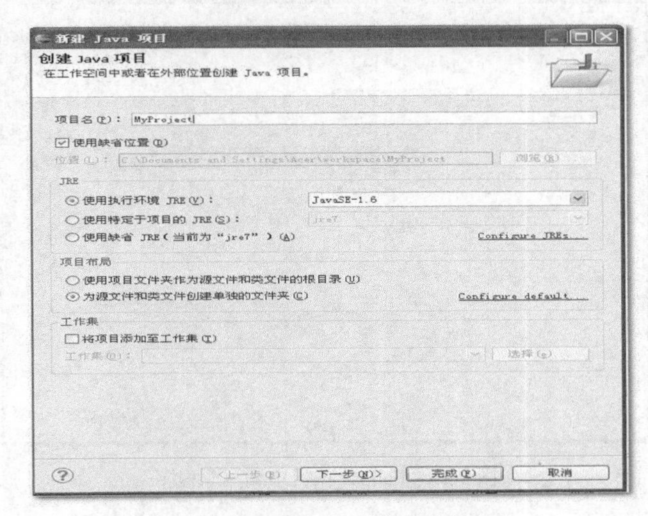

图 1.23　创建 Java 项目对话框

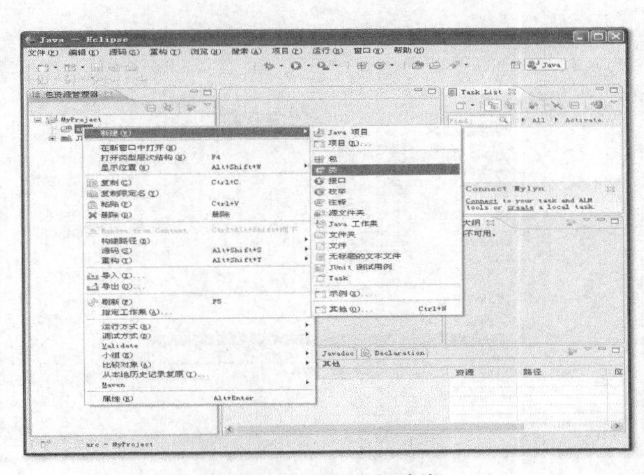

图 1.24　项目中新建类

图 1.25　新建类对话框

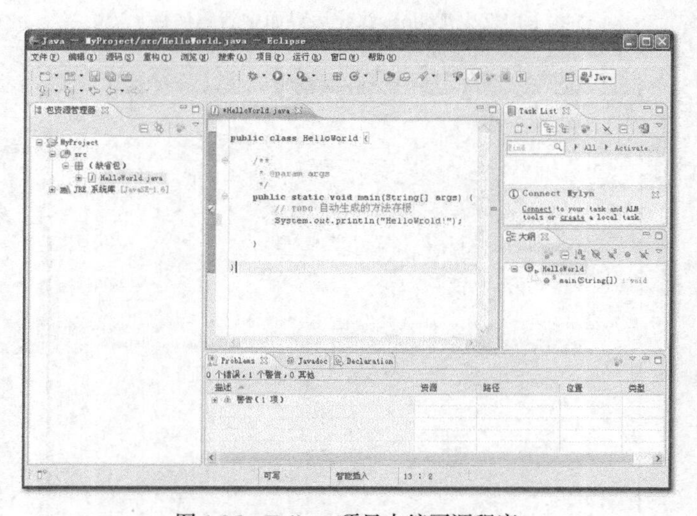

图 1.26　Eclipse 项目中编写源程序

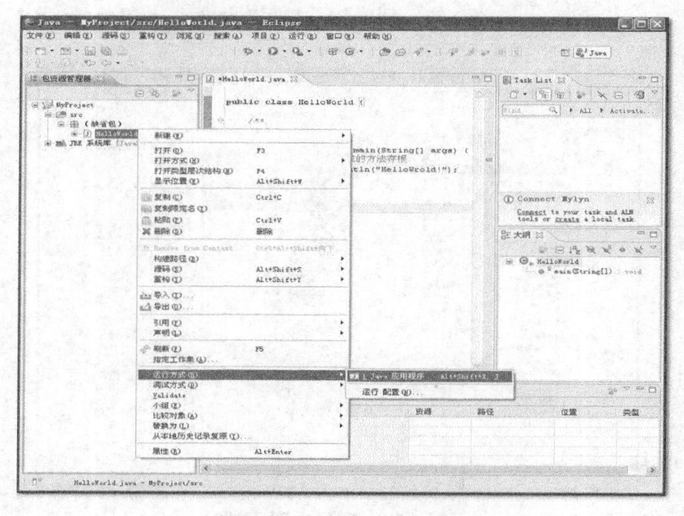

图 1.27　运行 Eclipse 项目

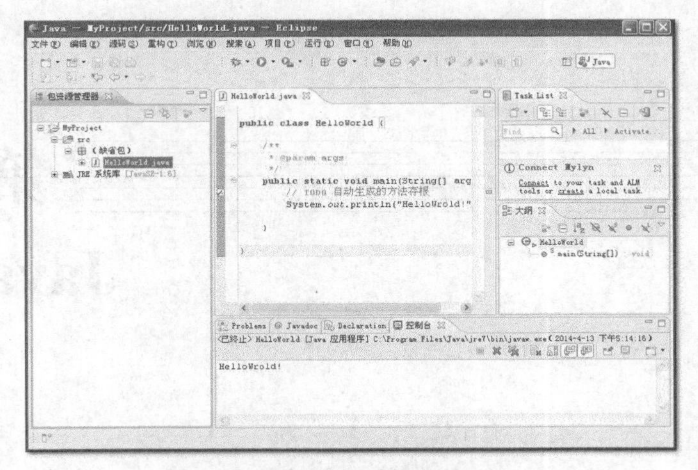

图 1.28　运行结果

习　题

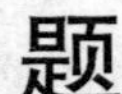

1. Java 语言的工作原理是什么？
2. Java 语言有哪些特点？
3. Java 语言需要的开发运行环境是什么？
4. JDK 与 JRE 区别是什么？
5. 使用 Eclipse 开发程序的一般流程是什么？

第2章 Java基础

2.1 Java符号集

程序都是由一系列的符号所组成的，大多数计算机语言系统采用ASCII码表示这些符号，但是Java采用的是一种更为普遍的Unicode字符集来表示（Unicode字符集包含ASCII码中的字符）。

2.1.1 标识符

标识符是惟一标识程序中任何一个元素的名称，例如，某一变量的名称、方法的名称、对象的名称等都是一个标识符。标识符通常是用户（或程序员）自定义的，但这种自定义需要遵循一定的原则。

（1）标识符通常是由字幕、数字、下划线“_”和美元符号“$”组成，但标识符开头不能是数字。例如，我们可以定义一个变量“stu_1”或“_stu1”，但不能定义一个变量“1_stu”。

（2）Java语言是严格区分大小写的，即在Java中同一字母的大写和小写会被当作不同的字符处理。例如，变量“Stu”和“stu”代表着不同的标识符。

（3）标识符中字符个数不限，但必须是Unicode字符集中的字符。

（4）不能使用关键字作为标识符。例如，“class”是Java中定义类时所使用到的关键字，因此，就不能定义变量名或其他标识符为“class”。

2.1.2 关键字

关键字也称作保留字，其本身也是一种标识符，但是这种标识符被程序设计语言本身赋予了特殊的含义。例如，表示数据类型的标识符“int”、“float”、“short”和“char”等，表示访问权限的修饰符“public”、“private”和“protected”等。Java中的关键字如表2.1所示。

表2.1 Java的关键字

abstract	boolean	break	byte	byvalue*	case	cast
catch	char	class	const*	continue	default	do
double	else	extends	false	final	finally	float
for	future	generic	goto*	if	implements	import
inner	instanceof	int	interface	long	native	new
null	operator	outer	package	private	protected	public
rest	return	short	static	super	switch	synchronized
this	throw	throws	transient	true	ty	var
volatile	while					

表中所列关键字都不能在自定义的标识符中使用，同时带“*”关键字表示目前尚未使用但以后要使用的关键字。

2.1.3　运算符

运算符是一种特殊的符号，常和运算数一起组成运算式。运算符通常包括赋值运算符（“=”）、算术运算符（“+”、“-”、“*”、“/”）、比较运算符（“>”、“<”、“>=”、“<=”、“==”、“！=”）、自增自减运算符（“++”、“--”）、逻辑运算符（“||”、“&&”、“!”）、位运算符（“&”、“|”、“~”、“^”、“<<”、“>>”、“>>>”）和三元运算符（“？ :”），如表 2.2 所示。

表 2.2　　Java 中的运算符

运算符种类	运　算　符	说　明
赋值运算符	=	二元运算符
算术运算符	+、-、*、/	二元运算符
比较运算符	>、<、>=、<=、==、！=	二元运算符
自增自减运算符	++、--	一元运算符
逻辑运算符	||、&&、！	除“！”为一元运算符外，其他都是二元运算符
位运算符	&、|、~、^、<<、>>、>>>	除“~”为一元运算符外，其他都是二元运算符
三元运算符	？ :	三元运算符

注：根据运算符的操作数的个数可以将运算符分为一元运算符、二元运算符和三元运算符

2.1.4　注释

注释是对程序的说明，其目的是提高程序的可理解性、可阅读性，进而提升程序的可维护性。注释在程序运行时不会被执行。Java 语言提供了 3 种注释类型。

1. 单行注释

Java 中单行注释用符号“//”表示，从“//”符号开始直到此行末尾或者直到换行标记都会被作为是注释内容。

2. 多行注释

符号“/*　*/”表示多行注释，其中符号“/*”和“*/”之间无论有几行说明均被作为是注释内容。

3. 文档注释

文档注释用符号“/**　*/”表示，与多行注释一样，符号“/**”和“*/”之间的内容不论有几行都被视作注释内容。但当文档注释符号出现时会被 Javadoc 文档工具读取为 Javadoc 文档内容，一般在 Web 页面开发时使用。

例如，分别定义一个整型变量 i 和方法 getA，在整型变量定义时采用单行注释，方法定义时采用多行注释。由于文档注释一般用于 Web 开发，这里不再举例子。

```
int i=1;                          //定义了一个整型变量 i，并赋值为 1
public void getA(int j){          //定义方法 getA，该方法的参数是一个整型变量

    j=i;
    System.out.println("j="+j);
}
```

2.2 数据类型、常量与变量

任何一种程序设计语言都需要使用和处理数据，而在程序设计语言中数据有类型之分，对数据进行操作时首先要明确该操作数据的类型。

2.2.1 数据类型

Java 语言将数据类型分为两大类：基本类型和引用类型，其中基本类型包括整型、浮点型、字符型和布尔类型，引用类型包括字符创、数组、类和接口。不同的数据类型在计算机中的存储空间不同，不同类型的数据能够进行的运算操作也不同。Java 中的数据类型如表 2.3 所示。

表 2.3　　Java 中的数据类型

数据类型			关键字	存储空间/字节	取值范围
基本类型	整型	字节型	byte	1	-27～27-1
		短整型	short	2	-215～215-1
		整型	int	4	-231～231-1
		长整型	long	8	-263～263-1
	浮点型	单精度	float	4	-3.4E38～3.4E38
		双精度	double	8	-1.7E308～1.7E308
	字符型		char	2	0～65535
	布尔类型		boolean	1bit	true/false
引用类型	字符串类型		String		
	数组		[ ]		
	类		class		
	接口		interface		

2.2.2 常量

常量是指在程序运行过程中其值不能发生改变的量，即常量在程序中只能被赋值一次。常量声明的一般语法格式："final 数据类型 常量名称"。在定义常量时必须定义常量的数据类型，同时还要使用 final 关键字修饰。另外，在定义常量时可以直接赋值，也可以不赋值。例如，定义整型常量 constant 时，可以是"final int constant;"，也可以是"final int constant=10;"。

不论哪种数据类型都可以定义常量，然而在字符型数据类型中有一种特殊的常量被称为转义字符。转义字符是 Java 对一些字符进行的特殊定义，用于表示回车、换行和换页等功能，而这些功能在一般情况下在程序中是很难表示的。Java 中定义的转义字符种类及其含义如表 2.4 所示。

表 2.4　　Java 中的转义字符

转义字符	引用方法	含义
\ddd	'\ddd'	1～3 位八进制数据表示的字符
\dxxxx	'\dxxxx'	4 位十六进制数据表示的字符

续表

转义字符	引用方法	含义
\'	'\''	单引号
\\	'\\'	反斜线
\b	'\b'	退格
\t	'\t'	tab
\n	'\n'	换行
\f	'\f'	换页
\r	'\r'	回车

2.2.3 变量

在程序运行过程中其值可以发生改变的量称为变量，即变量在程序运行时可以根据需要任意改变其值。

定义变量时必须要指定变量的名称和数据类型。变量名是一个标识符，因此定义时必须遵守标识符的命名规则。变量名实际上代表变量在计算机内存中存储位置的名字，当需要使用该变量时，计算机会自动根据变量名找到其所对应位置的变量值。数据类型的声明是要让编译器知道应该给该变量分配多少存储空间。变量的声明语法格式："数据类型　变量名称 1[,变量名称 2][...];"或"数据类型　变量名称 1[=值 1][,变量名称 2[=值 2][···];"。

根据变量的有效范围可以将变量分为成员变量和局部变量。

1. 成员变量

成员变量是在类中方法体外定义的变量，其在整个类中甚至其他类中都可以被使用。成员变量又可细分为静态变量和实例变量，其中静态变量是在变量定义时用"static"关键字修饰的变量，在定义成员变量时不用"static"修饰的变量就是实例变量。如，

```
public class Test{
    int i=1;
    static int j=2;
}
```

在该 Test 类中分别定义了两个整型变量 i 和 j，其中 i 为实例变量，j 为静态变量。在其他类中使用这两个变量时，都需要在类（使用者）中实例化一个 Test 对象才能使用（在后面章节将会详细介绍，此处不累述）；但是在当前类（Test）中使用时，二者存在着差异：静态变量使用没有限制，但是实例变量不能直接被静态变量或静态方法使用，在这种情况下被使用时需要先实例化 Test 对象，通过该对象调用才能使用。例如，

```
public class Test{
    int i=1;
    static int j=2;
public static void getA( ){            //定义一个静态方法 getA( )
    int x=i;                           //此种用法错误
    Test  m=new  Test( );
    int x=m.i;                         //此种用法正确
}
}
```

2. 局部变量

在方法体中被定义的变量称之为局部变量，局部变量只在当前方法中有效，在方法体外无效。

2.3 Java 中流程控制语句

流程控制语句在程序执行时能够对程序的流程进行控制，如跳过某些语句、重复执行某些语句等。如果没有流程控制语句，程序执行时就会按照程序语句的书写顺序执行。在使用程序解决复杂问题时都会使用到流程控制语句。

Java 中常用的流程控制语句包括选择语句、循环语句和跳转语句。

2.3.1 选择语句

选择语句通过为某些程序语句设置执行的条件，从而实现程序语句有选择的执行，选择语句通常也称为条件语句。选择语句包含两种基本的选择语句：if 从句和 switch 从句。

1. if 从句

if 从句是基本的选择结构程序构造语句，可以使用 if 从句构造出单分支选择结构、双分支选择结构和多分支选择结构。

（1）单分支选择结构。单分支选择结构最简单的是 if 从句，其基本结构如下所示。

```
if(表达式){
    语句 1
}
```

其中，if 后面的表达式必须为一个布尔类型，可以为一个布尔变量，也可以是布尔表达式，如关系表达式或逻辑表达式；语句 1 是当该布尔表达式为真时需要执行的语句，当表达式为假则跳过该语句，如图 2.1 所示。（下同）

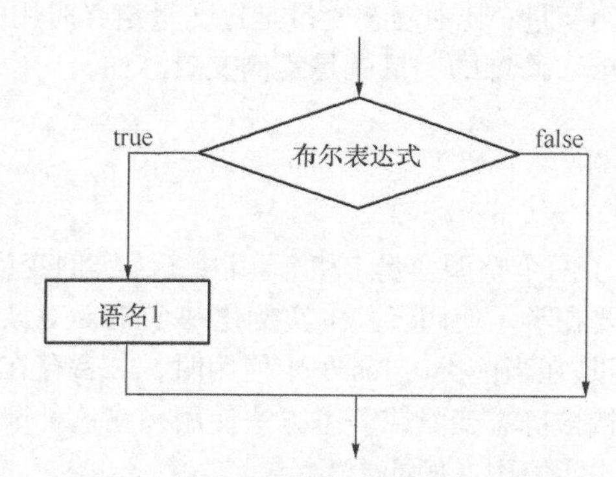

图 2.1 简单 if 从句的执行过程

【例 2-1】判断给定的一个人的年龄，当其年龄不超过 12 岁，输出此人为儿童，否则什么也不输出。

```
public class Ch2_1{
public static void main(String[ ] args){
    int age=11;
    if(age<13){
    System.out.print("此人为儿童，其年龄为："+age);}
}
}
```

程序运行结果为“此人为儿童，其年龄为：11。”

（2）双分支选择结构。if 与 else 配合使用可以生成双分支选择结构，相当于“如果……否则……”，其基本结构如下所示。

```
if(表达式){
      语句 1
}
else{
      语句 2
}
```

双分支选择结构执行过程如图 2.2 所示。

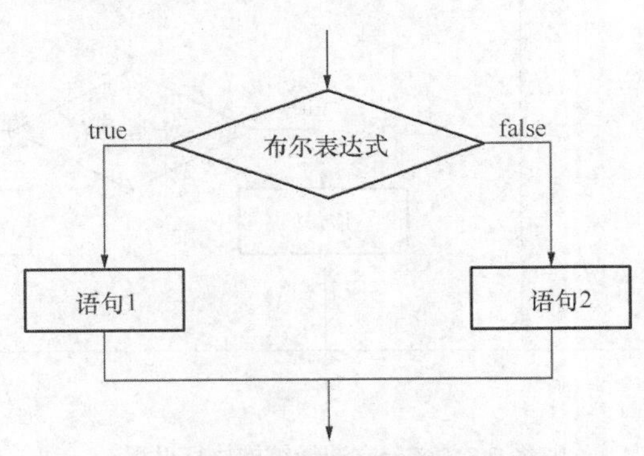

图 2.2　双分支选择结构执行过程

【例 2-2】 判断给定的一个人的年龄，当其年龄不超过 12 岁，输出此人为儿童，否则输出此人已非儿童。

```
public class Ch2_2{
public static void main(String[ ] args){
     int age=20;
     if(age<=12){
     System.out.print("此人为儿童，其年龄为："+age);
}
else{
     System.out.print("此人已非儿童，其年龄为："+age);}
}
}
```

程序运行结果为：“此人已非儿童，其年龄为：20”。

（3）多分支选择结构

if 与 else if 语句的嵌套使用就能生成多分支选择结构。其基本结构如下所示。

```
if(表达式 1){
语句 1
}
else if(表达式 2){
   语句 2
}
…
  else {
语句 n+1
}
```

多分支选择结构执行过程如图 2.3 所示。

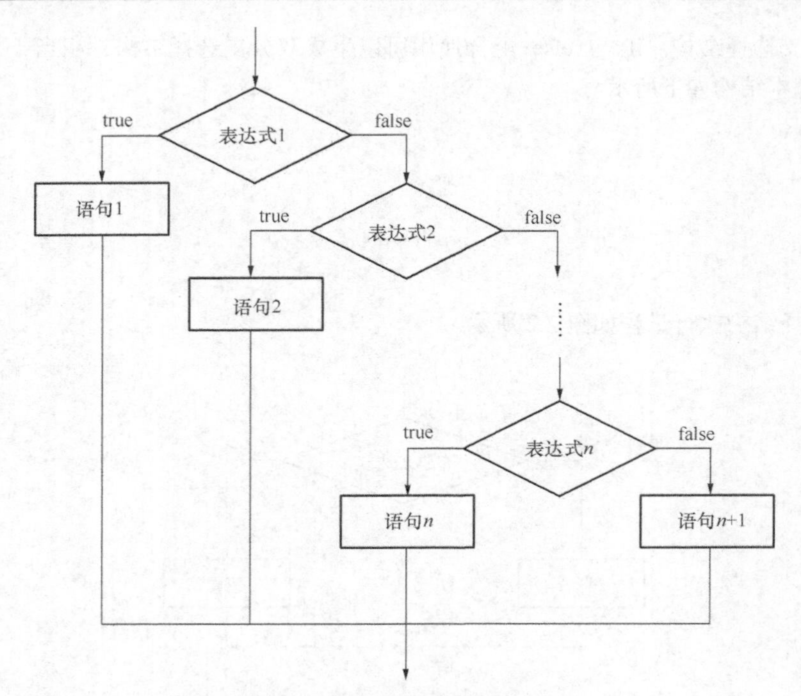

图 2.3　多分支选择结构执行过程

【例 2-3】 判断给定的一个人的年龄，判断其所处的生长阶段。

```
public class Ch2_3{
  public static void main(String[ ] args){
    int age=20;
    if(age<=12){
        System.out.print("此人处于儿童期，年龄为：" +age);
}
    else if(age<=19) {
        System.out.print("此人处于青春期，年龄为：" +age);
 }
    else if(age<=45) {
        System.out.print("此人处于青年期，年龄为：" +age);
}
   else if(age<=65) {
        System.out.print("此人处于中年期，年龄为：" +age);
}
   else{
      System.out.print("此人处于老年期，年龄为：" +age);}
}
}
```

程序运行结果为“此人处于青年期，年龄为：20”。

2. switch 语句

在解决实际问题时，有时需要从多个分支中选择一个分支来执行，即多选一，此时，可以使用多分支选择结构来实现，但是，当这种分支较多时，会降低程序的可读性。在 Java 中，可以使用 switch 语句来处理这种多选一的情况。switch 语句的基本结构如下。

```
switch(表达式){
  case 常量1：语句1;break;
```

```
    case 常量2：语句2;break;
    …
    case 常量n-1：语句n-1;break;
  [default：语句n;]
  }
```

switch语句的执行过程如图2.4所示。

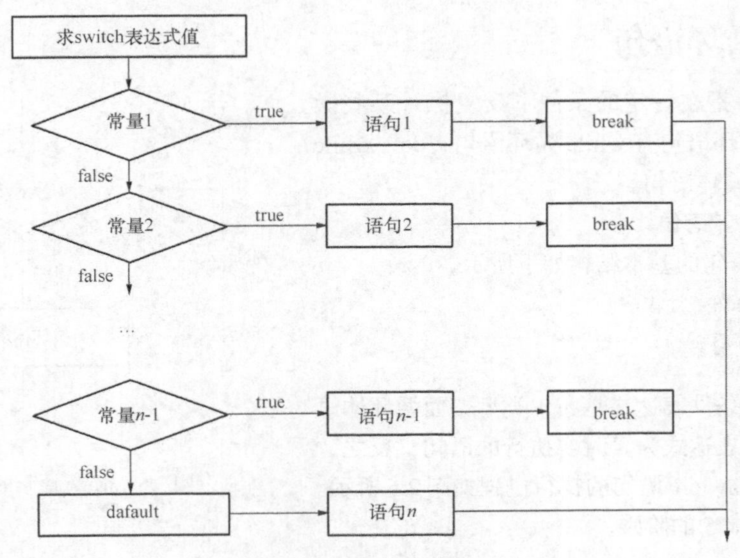

图2.4 switch语句的执行过程

（1）switch后的表达式的值不是一个布尔类型，只能是字节型、短整型、整型、字符型和字符串类型其中的一种。

（2）case后面常量的数据类型必须与switch表达式的数据类型保持一致，且这些常量值不能相同，否则会出现语句执行混乱的情况。

（3）每个case语句都需要使用break语句结束，否则，执行完某一个case语句后会继续执行该case语句后面的语句内容。

（4）default表示除去上述条件的其他情况。

【例2-4】 显示系统当前的星期。

```
public class Ch2_4{
  public static void main(String[ ] args){
    Calendar cal=Calendar.getInstance( );
    int week=cal.get(Calendar.DAY_OF_WEEK)-1;
    switch(week){
      case 0: System.out.print("Today is Sunday!");break;
      case 1: System.out.print("Today is Monday!");break;
      case 2: System.out.print("Today is Tuesday!");break;
      case 3: System.out.print("Today is Wednesday!");break;
      case 4: System.out.print("Today is Thursday!");break;
      case 5: System.out.print("Today is Friday!");break;
      default: System.out.print("Today is Saturday!");
    }
  }
}
```

程序运行结果如图 2.5 所示。

问题 @ Javadoc 声明 控制台 ✕
<已终止> Ch1_4 [Java 应用程序] D:\Java\jdk1.7.0_25\bin\javaw.exe (2014年4月7日 上午9:31:33)
Today is Monday!

图 2.5 switch 语句执行结果

2.3.2 循环语句

循环语句是指在一定的条件下反复执行某些操作。Java 中的循环语句有 while 循环语句、do…while 循环语句和 for 循环语句。

1. while 循环语句

while 循环语句的基本结构如下所示。

```
while(循环条件表达式){
    循环体语句
}
```

其中，循环条件表达式是布尔类型，而循环体语句是当循环条件表达式为真时要执行的语句，反之，则不执行该语句。while 语句的执行过程如图 2.6 所示。

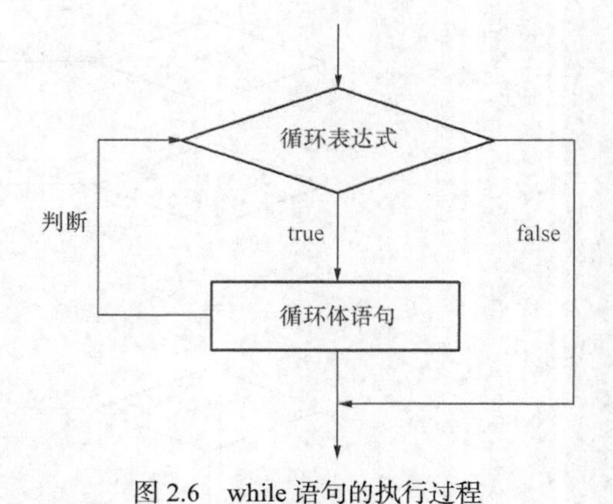

图 2.6 while 语句的执行过程

【例 2-5】 求 5 的阶乘。

```
public class Ch2_5 {
public static void main(String[ ] args) {
     int i=1;
     int sum=1;
     while(i<=5){
            sum=sum*i;
            i++;
     }
     System.out.print("5 的阶乘是: "+sum);
}
}
```

程序运行结果如图 2.7 所示。

图 2.7 while 语句求 5 的阶乘

2. do...while 循环

do...while 循环的基本结构如下。

```
do{
   循环体语句
}while(循环条件表达式);
```

这种循环语句与 while 循环类似，但也存在着差别：while 循环是先判断是否满足条件然后再执行，而 do...while 循环是先执行一次，然后再判断是否满足条件，也就是说不论是否满足条件

do…while 循环至少执行一次。do…while 循环的执行过程如图 2.8 所示。

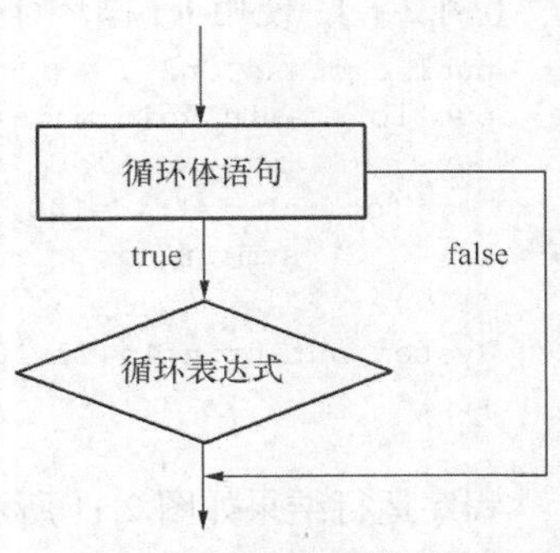

图 2.8 do…while 循环的执行过程

【例 2-6】 比较 while 循环和 do...while 循环。

```
public class Ch2_6 {
public static void main(String[ ] args) {
    int i=2;
    while(i<=1){
        i++;
        System.out.print("这条语句没有执行！");
    }
    int j=2;
    do{
        i++;
        System.out.print("这条语句执行了！");
    }while(j<=1);
}
}
```

程序运行结果如图 2.9 所示。

问题 @ Javadoc 声明 控制台
<已终止> Ch1_5 [Java 应用程序] D:\Java\jdk1.7.0_25\bin\javaw.exe (
这条语句执行了！

图 2.9 while 语句与 do...while 语句的比较

3. for 循环语句

for 循环语句的基本结构如下。

```
for(初始值表达;条件表达式;变量修正表达式){
   循环体语句
}
```

其中，初始值表达是对循环控制变量进行初始化，条件表达式是布尔类型，用来判断循环是否继续，而变量修正表达式是对循环控制变量的值进行修改，从而改变循环条件。for 循环语句的执行过程如图 2.10 所示。

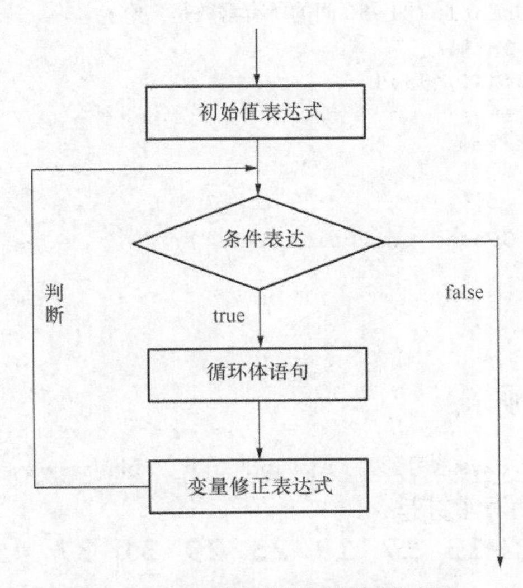

图 2.10 for 循环语句的执行过程

【例 2-7】 使用 for 循环计算 1～100 之间所有数之和。

```
public class Ch2_7 {
public static void main(String[ ] args) {
          int sum=0;
     for(int i=1;i<=100;i++)    {
          sum=sum+i;
     }
System.out.println("1~100 之间所有数之和为: "+sum);
}
}
```

程序运行结果如图 2.11 所示。

问题 @ Javadoc 声明 控制台
<已终止> Ch1_5 [Java 应用程序] D:\Java\jdk1.7.0_25\b
1~100之间所有数之和为：5050

图 2.11 for 循环语句执行结果

2.3.3 跳转语句

跳转语句又称转移语句，Java 中共有 3 中跳转语句：break、continue 和 return。三者的共同点是位于其后的语句将不再执行。同时，三者也存在差异：break 语句可以用在循环语句中，也可以在 switch 语句中使用，但不能单独在 if 从句中使用，若要在 if 从句中使用，那么该 if 从句需嵌套在某一循环语句中；continue 语句只能在循环语句中使用；return 语句一般在方法体中使用，用来返回方法的返回值。

1. break 语句

break 语句在 switch 语句中的作用是终止比较，而在循环语句中则是用于强制退出本次循环的。若 break 语句外有多层循环，那么 break 只能强制退出其所在的那层循环。

【例 2-8】 求 1～50 间的所有素数。

```
public class Ch2_8 {
public static void main(String[ ] args) {
         System.out.println("1~50 间的所有素数是: ");
     for(int i=1;i<=50;i++){
         for (int j=2;j<i;j++){
                if(i%j==0){
                      break;
                }
                if(j==i-1){
                       System.out.print(i+" ");
                }
         }
       }
}
```

程序运行结果如图 2.12 所示。

<已终止> Ch1_5 [Java 应用程序] D:\Java\jdk1.7.0_25\bin\javaw.exe（2014年4月7日
1~50间的所有素数是：
3 5 7 11 13 17 19 23 29 31 37 41 43 47

图 2.12 break 语句的用法

2. continue 语句

continue 语句只能在循环语句中使用，用于结束本轮循环，并开始下一轮循环。

【例 2-9】 求 1～100 之间能够被 5 整除的所有数之和。

```
public class Ch2_9 {
    public static void main(String[ ] args) {
    System.out.print("1~100 之间能够被 5 整除的数有：");
    int sum=0;
    for(int i=1;i<=100;i++){
        if(i%5!=0){
            continue;
        }
        sum=sum+i;
        System.out.print(i+" ");
        }
    System.out.print("\n");
        System.out.print("它们之和为："+sum);
}
}
```

程序运行结果如图 2.13 所示。

问题 @ Javadoc 声明 控制台

<已终止> Ch1_5 [Java 应用程序] D:\Java\jdk1.7.0_25\bin\javaw.exe (2014年4月7日 上午11:10:58)

1~100之间能够被5整除的数有：5 10 15 20 25 30 35 40 45 50 55 60 65 70 75 80 85 90 95 100

它们之和为：1050

图 2.13　continue 语句的用法

3. return 语句

return 语句一般在方法体中使用，用来返回方法的值。

【例 2-10】 定义一个计算 5 的阶乘的方法，该方法的返回值是 5 的阶乘。

```
public class Ch2_10 {
public static int Factorial(int i){
    int sum=1;
    for (int j=1;j<=i;j++){
        sum=sum*j;
    }
    return sum;
}
public static void main(String[ ] args) {
     System.out.print("5 的阶乘为："+Factorial(5));
}
}
```

程序运行结果如图 2.14 所示。

图 2.14　return 语句的用法

2.4 数组

数组是 Java 中的一个对象，是引用类型，数组的元素实际上就是该对象中的变量。同 Java 中其他对象类似，数组中的变量可以使基本类型，也可以是引用类型。例如，一个整型数组中的变量类型是整型，是基本类型，而一个字符串数组中的变量类型是字符串，就属于引用类型。另外，同一个数组中，变量的数据类型要一致。

2.4.1 一维数组

1. 数组的声明

声明数组时必须指定数组名称、数组元素数据类型和数组的维数。数组名称实质上就是一个标识符，其命名时需符合标识符的命名规则；数组元素的数据类型包括基本类型和引用类型；数组的维数反映了数组是几维的数组，用“[ ]”的个数来表示维数，如一维数组只有一个“[ ]”，二维数组则需要两个“[ ]”。数组的声明格式如下。

```
数据类型  数组名[ ]或者是数据类型[ ] 数组名
```

2. 数组的初始化

数组的初始化实际上是指明数组中元素的个数以及每个元素的初始值，这样系统才能知道为每一个数组分配多大的空间。在 Java 中可以通过直接赋值的方式进行数组的初始化，也可以借用“new”关键字进行数组的初始化。

（1）直接赋值的方式。直接赋值的方式是指在声明数组时直接为每一个数组元素赋初值，其格式为：

```
数据类型  数组名[ ]={数据 1,数据 2,…,数据 n}
```

其中，数据 i（i=1,2…,n）的数据类型与数组的数据类型保持一致，同时，数据之间用“,”隔开，而数据的个数代表了数组的长度。例如，

```
int a[ ]={0,1,2,3,4}
```

a 是一个整型数组，数组长度为 5，数组中数据元素的初始值分别为 0、1、2、3、4，此时，系统会为数组 a 分配 5 个整型变量大小的存储空间。

（2）使用“new”关键字初始化数组。使用“new”关键字初始化数组的格式为：

```
数据类型 数组名[ ];
数组名=数据类型[N];
```

或者

```
数据类型 数组名[ ]=new 数据类型[N];
```

其中，N 表示数组能够存储的数据元素的个数。例如，可以通过这两种方式初始化一个整型数组 a：

```
int a[ ];
a=new int[5];
```

或者

```
int a[ ]=new int[5];
```

使用“new”关键字初始化数组时，数组中每个元素的值为该数据类型默认初始化的值，各数据类型默认初始化值如表 2.5 所示。

表 2.5　　Java 中各数据类型默认初始化值

数据类型	默 认 值	数据类型	默 认 值	数据类型	默 认 值
byte	0	long	0	char	'\u0000'
short	0	float	0.0f	boolean	false
int	0	double	0.0d	引用类型	null

2.4.2　二维数组

二维数组的声明和初始化方式与一维数组类似。

1．数组的声明

二维数组声明时，由于其维数是 2，因此需要用两个“[ ]”。数组的声明格式如下。

```
数据类型  数组名[ ][ ];
```

或者

```
数据类型[ ][ ] 数组名;
```

2．数组的初始化

在 Java 中可以通过直接赋值的方式进和使用“new”关键字方式对二维数组进行初始化。

（1）直接赋值的方式。二维数组直接赋值方式的格式为：

```
数据类型  数组名[ ][ ]={{数据 11,数据 12,…,数据 1n},{数据 21,数据 22,…,数据 2n},…,{数据 n1,
数据 n2,…,数据 nn}}
```

其中，每个数据的数据类型都需与数组的数据类型保持一致。例如，对一个整型数组 a[2][3] 赋值时可采用如下方式。

```
int a[2][3]={{0,1,2},{3,4,5}}
```

（2）使用“new”关键字初始化数组。使用“new”关键字初始化二维数组的格式为：

```
数据类型 数组名[ ][ ];
数组名=数据类型[N][M];
```

或者

```
数据类型 数组名[ ][ ]=new 数据类型[N][M];
```

例如，可以通过这两种方式初始化一个整型二维数组 a，如下。

```
int a[ ][ ];
a=new int[2][3];
```

或者

```
int a[ ][ ]=new int[2][3];
```

使用“new”关键字初始化数组时，数组中每个元素的值为该数据类型默认初始化的值，各数据类型默认初始化值如表 2.2 所示。

2.4.3　数组中常用的操作方法

本部分内容主要参考“JDK API 1.6.0 中文版”中数组的相关操作方法，同时介绍一维数组的常用操作方法。

1．查找数组元素

在 Java 中提供了 binarySearch( )方法可以查找数组中指定的元素，并且返回该元素在数组中的下标，如果数组中不存在该元素，则返回值为-1。binarySearch( )方法的语法格式为：

```
public static int binarySearch(数据类型 [ ]a, 数据类型 key)
```

其中，a 表示需要查找的数组，key 表示需要查找的元素。另外，需要特别注意，因为

binarySearch( )方法使用的是折半查找的方式，因此，数组中的元素必须是升序排列的。

【例 2-11】 使用 binarySearch ( )方法查找一维整型数组 a 中的元素。

```
public class Ch2_11 {
public static void main(String[ ] args) {
                    int a[ ]={1,3,4,5,6};
                    int index=Arrays.binarySearch (a,3);
                    System.out.println("在有序数组 a 中元素 3 的下标为: "+index);
                    int b[ ]={5,6,4,3,1};
                    int index0=Arrays.binarySearch (b,3);
                    System.out.println("在无序数组 b 中元素 3 的下标为: "+index0);
}
}
```

程序运行结果如图 2.15 所示。

标记 属性 Servers Data Source Explorer Snippets 控
<已终止> Ch2_11 [Java 应用程序] D:\Java\jdk1.7.0_25\bin\javaw.exe (201
在有序数组a中元素3的下标为：1
在无序数组b中元素3的下标为：-1

图 2.15 binarySearch ( )方法的使用

2. 复制数组

在 Java 中提供了两种复制数组的方法，分别为 copyOf( )方法和 copyOfRange( )方法，它们各自语法格式如下。

```
public static 数据类型 copyOf(数据类型 [ ]a, int newLength)
```

其中数组 a 是要复制的数组，其数据类型应与新数组的数据类型保持一致，newLength 表示新数组中元素的个数。

```
public static 数据类型 copyOfRange(数据类型 [ ]a, int from, int to)
```

其中数组 a 是要复制的数组，其数据类型应与新数组的数据类型保持一致，from 和 to 分别表示要复制数组 a 元素的起始和结束位置，from 的值应大于 0，to 的值需小于 a 数组的长度。

【例 2-12】 分别使用 copyOf( )方法和 copyOfRange( )方法复制数组。

```
public class Ch2_12 {
public static void main(String[ ] args) {
                    int a[ ]={1,3,4,5,6};
                    int copy[ ]=Arrays.copyOf(a,4);
                    int copyofrange[ ]=Arrays.copyOfRange(a,0,4);
                    System.out.println("copyOf 方法的使用: ");
                    for(int i: copy){
                        System.out.print(i+" ");
                    }
                    System.out.println("\ncopyOfRange 方法的使用: ");
                    for(int i: copyofrange){
                        System.out.print(i+" ");
                    }
}
}
```

程序运行结果如图 2.16 所示。

标记 属性 Servers Data Source Explorer Snippets 控
<已终止> Ch2_11 [Java 应用程序] D:\Java\jdk1.7.0_25\bin\javaw.exe (201
copyOf方法的使用：
1 3 4 5
copyOfRange方法的使用：
1 3 4 5

图 2.16 copyOf( )方法和 copyOfRange( )方法的使用

3. 数组比较

在 Java 中提供了 equals( )方法用来比较两个数组是否相等，其语法格式为：

```
public static boolean equals(数据类型 [ ]a, 数据类型 [ ] b)
```

其中数组 a 和数组 b 为两个要比较的数组，该方法的返回值为布尔类型，即若数组 a 中所有元素和 b 中所有元素都一一相等时，则数组 a 和 b 相等，返回 true，否则，返回 false。同时，数组 a 和 b 的数据类型要保持一致。

【例 2-13】 equals( )方法的使用。

```
public class Ch2_13 {
public static void main(String[ ] args) {
                    int a[ ]={1,3,4,5,6};
                    int b[ ]={1,3,4,5,6};
                    int c[ ]={5,6,4,3,1};
                    boolean bln=Arrays.equals(a,b);
                    boolean bol=Arrays.equals(a,c);
                    System.out.println("数组 a 和 b 的相等："+bln);
                    System.out.println("数组 a 和 c 的相等："+bol);
}
}
```

程序运行结果如图 2.17 所示。

```
标记  属性  Servers  Data Source Explorer  Snippets  控制
<已终止> Ch2_11 [Java 应用程序] D:\Java\jdk1.7.0_25\bin\javaw.exe ( 2014
数组a和b的相等：true
数组a和c的相等：false
```

图 2.17　equals( )方法的使用

4. 数组填充

在 Java 程序中，可以用 fill( )方法将数组中全部元素或部分元素赋值为某一特定值，其语法格式为：

```
public static void fill(数据类型 [ ]a[, int from, int to, ]数据类型 val)
```

其中数组 a 的数据类型需与 val 的数据类型保持一致，而 from 和 to 两个参数为可选参数，如果指定 from 和 to 参数，则表示将数组 a 中的元素全部赋值为 val，相反，则只将数组 a 中的元素从下标 from 开始到下标（to-1）赋值为 val。

【例 2-14】 fill( )方法的使用。

```
public class Ch2_14 {
public static void main(String[ ] args) {
                    int a[ ]={1,3,4,5,6};
                    System.out.println("数组 a 中原来数组元素为：");
                    for(int i:a){
                        System.out.print(i+" ");
                    }
                    System.out.println("\n 使用 fill 方法之后数组 a 中元素为：");
                    Arrays.fill(a,8);
                    System.out.println("(1)不指定 from 和 to 时：");
                    for(int i:a){
                        System.out.print(i+" ");
                    }
                    Arrays.fill(a,0,2,9);
```

```
            System.out.println("\n(2)指定 from 和 to 时：");
            for(int i:a){
                System.out.print(i+" ");
            }
}
}
```

程序运行结果如图 2.18 所示。

```
标记 属性 Servers Data Source Explorer Snippets
<已终止> Ch2_11 [Java 应用程序] D:\Java\jdk1.7.0_25\bin\javaw.exe (20
数组a中原来数组元素为：
1 3 4 5 6
使用fill方法之后数组a中元素为：
(1)不指定from和to时：
8 8 8 8 8
(2)指定from和to时：
9 9 8 8 8
```

图 2.18　fill( )方法的使用

5. 数组排序

在 Java 中为数组提供了简便的数组升序排序方法，即 sort( )，其语法格式为：

```
public static void sort(数据类型 [ ]a)
```

其中，数组 a 是需要排序的数组。

【例 2-15】 sort( )方法的使用。

```
public class Ch2_15 {
public static void main(String[ ] args) {
            int a[ ]={6,5,2,3,1,8};
            System.out.println("排序前数组 a 中的元素为：");
            for(int i:a){
                System.out.print(i+" ");
            }
            System.out.println("\nsort( )方法之后数组 a 中元素为：");
            Arrays.sort(a);
            for(int i:a){
                System.out.print(i+" ");  }
}
}
```

程序运行结果如图 2.19 所示。

```
标记 属性 Servers Data Source Explorer Snippets
<已终止> Ch2_11 [Java 应用程序] D:\Java\jdk1.7.0_25\bin\javaw.exe (20
排序前数组a中的元素为：
6 5 2 3 1 8
sort()方法之后数组a中元素为：
1 2 3 5 6 8
```

图 2.19　sortl( )方法的使用

6. 遍历数组

在 Java 中，共有 3 种方法可以遍历整个数组。

（1）数组的 toString 方法。Java 中提供了 toString( )方法可以实现数组的遍历，其语法格式为：

```
public static String toString(数据类型[ ] a)
```

该方法的含义为不论是何种数据类型的数组，通过 toString( )方法遍历时都将以字符串的形式显示。

【例 2-16】 使用 toString( )方法遍历一维整型数组 a。

```
public class Ch2_16 {
public static void main(String[ ] args) {
      int a[ ]={1,5,6,4,3};
      System.out.println(Arrays.toString(a));
}
}
```

程序运行结果如图 2.20 所示。

```
标记 属性 Servers Data Source Explorer Snippets
<已终止> Ch2_11 [Java 应用程序] D:\Java\jdk1.7.0_25\bin\javaw.exe (
[1, 5, 6, 4, 3]
```

图 2.20 toString( )的使用

（2）for 循环语句遍历数组。

【例 2-17】 使用 for 循环语句遍历一维整型数组 a。

```
public class Ch2_17 {
public static void main(String[ ] args) {
      int a[ ]={1,5,6,4,3};
                        System.out.println("该数组中元素为：");
                        for(int i=0;i<5;i++){
         System.out.print(a[i]+" ");
                        }
}
}
```

程序运行结果如图 2.21 所示。

```
标记 属性 Servers Data Source Explorer Snippets
<已终止> Ch2_11 [Java 应用程序] D:\Java\jdk1.7.0_25\bin\javaw.exe (
该数组中元素为：
1 5 6 4 3
```

图 2.21 for 循环语句遍历数组

（3）foreach 循环遍历数组。

【例 2-18】 使用 foreach 循环语句遍历一维整型数组 a。

```
public class Ch2_18 {
public static void main(String[ ] args) {
      int a[ ]={1,5,6,4,3};
                        System.out.println("该数组中元素为：");
                        for(int i: a){
         System.out.print(i+" ");
                        }
}
}
```

程序运行结果如图 2.22 所示。

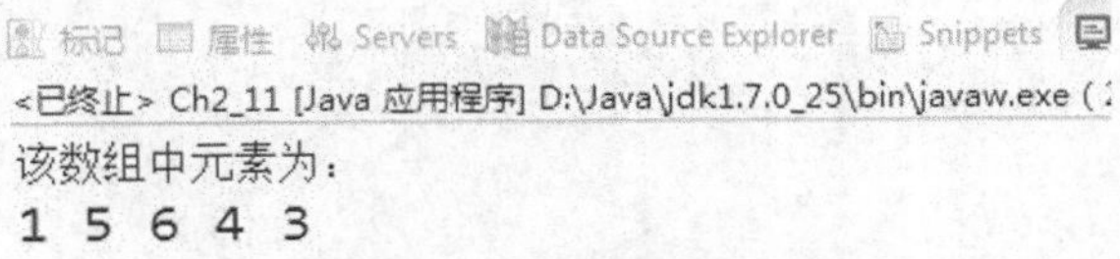

```
标记 属性 Servers Data Source Explorer Snippets
<已终止> Ch2_11 [Java 应用程序] D:\Java\jdk1.7.0_25\bin\javaw.exe (
该数组中元素为：
1 5 6 4 3
```

图 2.22 foreach 循环语句遍历数组

其中“for（int i：a）”语句里面“i”的数据类型必须要与数组的数据类型保持一致，而“a”是被遍历的数组名称。

习　题

1. 什么是标识符？标识符的命名应遵循什么样的规则？
2. Java 中的注释方式有哪些？
3. 在 Java 语言中如何定义一个变量和常量？
4. switch 语句中表达式的类型有哪些？case 语句中常量类型如何确定？
5. while 语句与 do…which 语句的区别是什么？请举例说明。
6. break 语句与 continue 语句的区别是什么？请举例说明。

第3章 类与对象

3.1 面向对象语言的特征

使用计算机语言编写程序是为了解决现实世界中的问题，程序设计的过程实际就是解决问题的过程。计算机语言的发展已经经历了从早期的面向机器的语言，到后来的面向过程的语言，以及现在应用程序开发领域广泛使用的面向对象语言。

每一种语言有它产生的时代背景和应用局限，面向机器的语言与特定的硬件系统相关，要求程序设计者必须熟悉机器，程序的可读性差，移植性差。面向过程的程序使得程序设计者开始摆脱机器的束缚，但是程序设计中数据和处理数据的过程没有逻辑上的联系，或者说实际上是分离的，对于较大的程序这种语言就显得力不从心。面向对象语言吸取面向过程语言的优点，避免了它的不足，为应用程序设计提供了一种全新的程序设计思路，它的特点体现在 3 个方面：封装性、继承性和多态性。

封装性将数据和数据的操作放在一起形成一个封装体，这个封装体可以提供对外部的访问，同时对内部的具体细节也实现了隐藏，也能控制外部的非法访问。封装体的基本单位是类，对象是类的实例，一个类的所有对象都具有相同的数据结构和操作代码。

继承性是面向对象的第二个特性，它支持代码重用，继承可以在现有类的基础上进行扩展，从而形成一个新的类，它们之间成为基类和派生类的关系，派生类不仅具有基类的属性特征和行为特征，而且还可以添加新的特征。采用继承的机制来组织、设计系统中的类，可以提高程序的抽象程度，使之更接近于人类的思维方式，同时，通过继承也能较好地实现代码重用，可以提高程序开发效率，降低维护的工作量。

多态性使得多个不同的对象接收相同的消息却产生不同的行为，它大大提高了程序的抽象程度和简洁性，更重要的是，它最大限度地降低了类和程序模块之间的耦合性，提高了类模块的封闭性，使得它们不需了解对方的具体细节，就可以很好地共同工作。这个优点对于程序的设计、开发和维护都有很大的好处。

3.2 类

在面向对象语言中，一切都是对象，Java 更是如此，既然这样，那么是什么决定着某一类对象的属性特征和行为特征呢？答案是“类”，它是一种新的数据类型，它作为封装对象属性和行为的一个载体。

3.2.1 类的声明

类是 Java 程序的基本单位，在 Java 中定义一个类，一般包括类的声明和类体两部分，形式如下。

```
[修饰符] class 类名 [extends 父类名] [implements 接口名]
{
  类体
}
```

其中[ ]部分是可选的，修饰符包括访问控制符和非访问控制符，extends 表示定义这个类的同时，这个类继承另一个父类，implements 表示这个类实现其他接口，这部分内容在后面的章节中会陆续接触到。在这一章节遇到的类基本都是下面这种形式：

```
class 类名
{
  类体
}
```

关键字 class 的前面可以加权限修饰符 public，也可以采用默认权限（不加任何修饰符），类名的命名应该符合 Java 标识符命名规则，一般情况下约定类名首字母大写，JDK 提供的类都是符合这一约定的。

3.2.2 成员变量与成员方法

定义一个类时，在类体中可以有成员变量和成员方法。成员变量体现的是对象的静态属性，而成员方法体现的是对象的动态行为。

成员变量的定义格式为：

```
修饰符 类型 成员变量;
```

其中类型可以是基本数据类型，也可以是引用数据类型，可以同时定义多个相同类型的成员，它们之间用逗号隔开，在类型前面还可以使用修饰符。

成员方法的定义格式为：

```
修饰符 方法类型 方法名(参数类型 参数名,……,参数类型 参数名)
{
  方法体;
}
```

类型可以是基本数据类型，也可以是引用数据类型，方法可以有多个参数，参数可以是基本数据类型，也可以是引用数据类型，也允许方法中没有任何参数。如下例所示。

```
class Triangle
{
double sideA,sideB,sideC;
public double getLength( )
{
 return (sideA+sideB+sideC);
}
public double getArea( )
{
 double p,s;
p=0.5* (sideA+sideB+sideC);
s=Math.sqrt(p*(p-a)*(p-b)*(p-c));
```

```
return s;
}
}
```

在类 Triangle 中，定义了 3 个成员变量 sideA，sideB，sideC，两个成员方法 getLength( )，getArea( )，需要注意的是，成员变量作用域是整个类，在该类的其他方法中对其是可以直接访问的，另一方面所有的操作语句必须写在方法中，不能够写在方法的外面，方法的外面只能定义成员。

3.2.3　局部变量

在方法内部定义的变量或者方法的参数，称为局部变量，在上节例中 getArea( )方法中定义的变量 p，s 就是局部变量。

对于局部变量，它的作用域仅限于它所定义的方法中，在其他方法中是不能够访问的，这一点和成员变量是不同的。另外，成员变量在使用之前要赋值，系统不会为其指定默认值。如下例所示。

```
class Triangle
{
double sideA,sideB,sideC;
public double getLength( )
{
  return 2*p; //不能访问在 getArea 方法中定义的局部变量 p
}
public double getArea( )
{
double p,s;
p=0.5* (sideA+sideB+sideC); //p 是局部变量，只能在 getArea 方法中使用
s=Math.sqrt(p*(p-a)*(p-b)*(p-c));
return s;
}
}
```

3.2.4　方法的重载

Java 中允许在同一个类中定义多个方法，这些方法的方法名是完全相同的，但是它们的方法类型，方法中参数个数或参数类型是不同的，把这一特性称为方法的重载。在调用重载方法时，Java 将根据实参个数或实参类型选择最匹配的方法。如下例所示。

```
class Area
{
 float getArea(double r)
 {
  return 3.14f*r*r;
 }
 double getArea(float x,int y)
 {
  return x*y;
 }
 float getArea(int x,float y)
 {
  return x*y;
 }
 void test( )
```

```
  {
   System.out.println(getArea(2.5));      //调用第一个 getArea 方法
   System.out.println(getArea(2.5f,3)); //调用第二个 getArea 方法
   System.out.println(getArea(3,2.5f)); //调用第三个 getArea 方法
  }
 }
```

在类 Area 中定义了 3 个 getArea 方法，它们的方法名完全相同，但是方法类型或对应参数类型不同，这就是方法的重载，在调用时会自动选择最匹配的方法。

如果两个方法的声明中，参数的类型和个数均相同，只是返回类型不同，这种情况就不是方法的重载，而且编译时会产生错误。如上例中假如同时定义下面这两个方法，就会发生编译错误。

```
double getArea(float x,int y)
{
  return x*y;
}
float getArea(float x,int y)
{
  return x*y;
}
```

在调用方法时，若没有找到类型相匹配的方法，编译器会找可以兼容的类型来进行调用。如 int 类型（实参）可以找到使用 double 类型参数的方法。若不能找到兼容的方法，则编译不能通过。如下面的语句会调用第一个 getArea 方法，尽管实参是 2，不是 double 类型。

```
System.out.println(getArea(2));
```

但是，下面的语句就不能通过编译了，第二个 getArea 方法中第一个参数定义时是 float 类型，调用时使用的 2.5 默认处理为双精度类型。

```
System.out.println(getArea(2.5,3));
```

3.2.5 构造方法

在类体中有一种特殊的方法，即构造方法，它在创建对象实体时调用，构造方法通常用于对象的初始化。构造方法有如下特点。

（1）构造方法名与类名完全相同。

（2）构造方法可以有多个参数，也可以无参。

（3）构造方法没有返回值，所以定义构造方法时在方法名前不能加任何方法类型，即使 void 也不可以。

（4）一个类中可以同时定义多个构造方法，如果没有定义任何构造方法，系统会默认生成一个无参的构造方法，其方法体为空，如果类中已经定义构造方法，系统不会再提供无参构造方法。

（5）构造方法的调用与成员方法的调用不同，它是在创建对象实体时调用的，格式如下。

```
new 类名(参数);
```

如果有多个方法，系统会根据参数个数及类型寻找最匹配的构造方法。如下例所示。

```
class Person
{
  String name;
  int birthYear;
  int age;
  Person( String n,int b)
  {
   name=n;
```

```
        birthYear=b;
    }
    Person( int b,String n)
    {
        age=2014-b;
        name=n;
    }

    void test( )
    {
        new Person("zhang",1990);  //调用第 1 个构造方法
        new Person(1993,"zhang");  //调用第 2 个构造方法
        new Person( );  //没有无参构造方法，发生编译错误
    }
}
```

3.3　对象

Java 作为一种面向对象语言，它把一切都看成是对象处理。换句话说，程序设计者必须将思维扭转到面向对象的世界中，那么什么是对象？类与对象又是什么关系？通过下面的学习，我们应该能够找到答案。

3.3.1　对象的创建

我们已经知道类是一种新的数据类型，它是封装对象属性和行为的一个载体，所以由同一个类创建的不同对象应该具有相同的属性和相同的行为特征。由一个类创建对象通常分两步：声明对象（或称创建对象引用）和创建对象实体。

声明对象的格式：

```
类名 对象引用名;
```

此处只是声明了一个用来操作该类对象的引用变量，它用来存放对象的引用，而不是实际对象，所以称为对象引用。

创建对象实体的格式：

```
new 类名([参数列表]);
```

它表示使用 new 运算符在堆中创建该类的一个对象，并且根据括号中参数列表会调用该类的一个和参数列表匹配的构造方法，当然也可以没有参数，这个过程称为实例化对象。

实例化对象的过程，可以看成下面几个步骤。

（1）根据类中定义的成员，为对象分配内存空间，并且此时是堆内存。

（2）分配空间后，对象的每一个成员都有一个初值。对于整型的成员，默认初值是 0；对于浮点型的成员，默认初值是 0.0；对于布尔型的成员，默认初值是 false；对于引用型的成员，默认初值是 null。

（3）根据实例化对象时的参数列表调用匹配的构造方法。

需要注意的是，即使创建了一个对象引用，如果这个对象引用不与任何对象实体进行关联，那么不能够通过该引用访问对象的成员变量和成员方法。对象引用和对象实体可以通过下面的方式进行关联。

```
对象引用名= new 类名(参数……),
```

所以，创建一个对象通常也可以写成下面形式。

```
类名 对象引用名= new 类名(参数……);
```

对象引用与对象实体的关系好比遥控器与电视机的关系，如果仅仅有遥控器而没有电视机，那么它不能起任何作用，所以我们说对象引用在与对象实体关联前是不能访问对象的成员的。

3.3.2　对象的使用

创建一个对象之后，就可以通过对象引用访问对象的成员，它的格式如下。

```
对象引用名.成员变量
对象引用名.成员方法([实参列表])
```

通过一个例子来了解对象的使用，如下例 TestPerson1.java。

```
class Person
{
  String name;
  int age;
  Person(String n,int a)
  {
   name=n;
   age=a;
  }
  Person(int a,String n)
  {
   name=n;
   age=a;
  }
  Person( )
  {
   System.out.println("no inf");
  }
  void speakName( )
  {
   System.out.println("my name: "+name);
  }

  void speakAge( )
  {
   System.out.println("my age: "+age);
  }

}
public class TestPerson1
{
 public static void main(String[ ] args)
 {
  Person p1=new Person("wang",20); //创建对象实体后，调用第一个构造方法
  Person p2=new Person(23,"yang"); //创建对象实体后，调用第二个构造方法
  Person p3=new Person( );//创建对象实体后，调用第三个构造方法
  System.out.println("p1:"+p1.name+","+p1.age); //通过对象引用访问其成员变量
  p3.speakName( ); //通过对象引用访问其成员方法
  p2.speakAge( ); //通过对象引用访问其成员方法
 }
}
```

程序运行结果如图 3.1 所示。

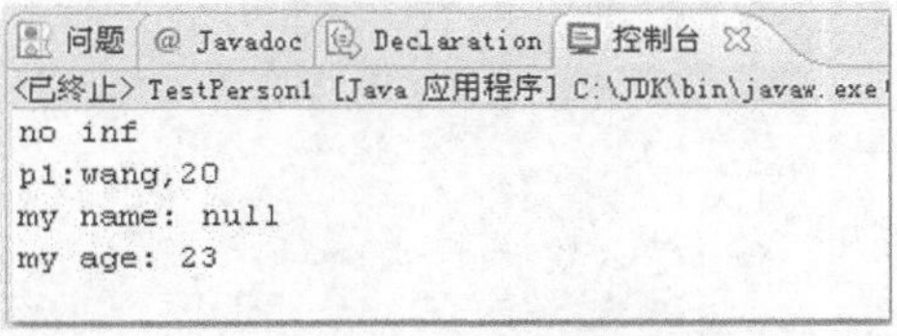

```
问题 @ Javadoc Declaration 控制台
<已终止> TestPerson1 [Java 应用程序] C:\JDK\bin\javaw.exe
no inf
p1:wang,20
my name: null
my age: 23
```

图 3.1　TestPerson1.java 程序运行结果

上例中在使用语句“Person p3=new Person( );”创建第三个对象后，调用无参的构造方法，该方法中没有改变其成员变量的值，所以它们的值是默认值，即 name 值是 null，age 值是 0，所以“p3.speakName( );”输出结果是“my name: null”。

在这个例子中，p1，p2，p3 是我们定义的三个对象引用，使用它们可以很方便地访问其对象的成员变量和成员方法。实际上，不定义这样的引用也是可以访问对象的成员，将上面的 TestPerson1 类改写成下面形式，Person 类程序不变,输出结果仍然是相同的，如图 3.2 所示。

```
public class TestPerson2
{
 public static void main(String[ ] args)
 {
  System.out.println("p1:"+new Person("wang",20).name+","+new Person("wang",20).age);
  new Person( ).speakName( );
  new Person(23,"yang").speakAge( );
 }
}
```

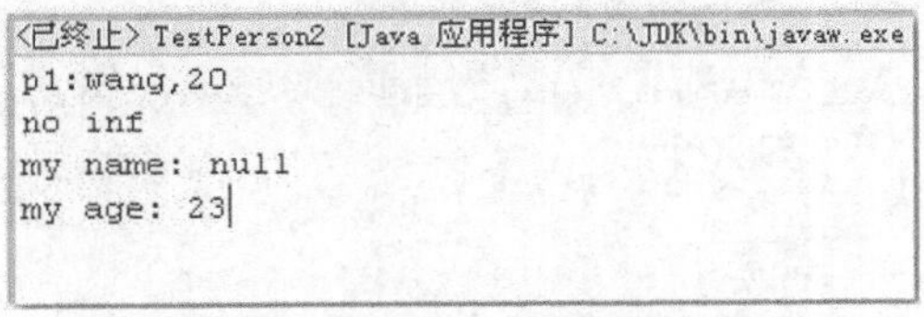

```
<已终止> TestPerson2 [Java 应用程序] C:\JDK\bin\javaw.exe
p1:wang,20
no inf
my name: null
my age: 23
```

图 3.2　TestPerson2.java 程序运行结果

没有定义对象引用，我们依然可以访问对象的成员，这好比没有遥控器依然可以操作电视机一样，虽然程序的效果和前面通过对象引用来访问的效果是一样的，但是显然没有通过引用来访问这种方式方便。

3.3.3　对象在方法参数中的使用

我们已经知道，不管是定义成员方法还是构造方法都可以没有参数，也可以有参数，而且参数的类型既可以是基本类型也可以是引用类型。如下例所示。

```
class Person
{
  String name;
  int age;
  Person(String n,int a)
  {
   name=n;
   age=a;
  }
  Person(int a,String n)
```

```
  {
   name=n;
   age=a;
  }

 }
public class TestPerson3
{
  void speakName(Person p )
  {
   System.out.println("my name: "+p.name);
  }
  void speakAge(Person p )
  {
   System.out.println("my age: "+p.age);
  }
  public static void main(String[ ] args)
  {
   TestPerson3 tp=new TestPerson3( );
   Person p1=new Person("wang",23);
   Person p2=new Person("yang",20);
   tp.speakName(p1);
   tp.speakName(p2);
   tp.speakAge(p1);
   tp.speakAge(p2);
 }
}
```

程序运行结果如图 3.3 所示。

```
<已终止> TestPerson3 [Java 应用程序] C:\JDK\bin\javaw.exe
my name: wang
my name: yang
my age: 23
my age: 20
```

图 3.3　TestPerson3.java 程序运行结果

类 TestPerson 中定义的两个成员方法 speakName 和 speakAge 参数都是 p，因为 p 实际上是局部变量，Java 允许不同的方法中局部变量重名的，由于形参 p 它的类型是 Person，所以在调用这两个方法时实参也必须是相同的类型。另外 p 仅仅是一个对象引用，它能访问哪个对象的成员取决于调用方法的实参。所以当调用 speakName 方法实参是 p1 时，形参 p 此时关联的对象实体是 p1 所关联的对象实体，即成员 name 值为“wang”，成员 age 值 23，其他语句的调用分析与之类似。

不难理解，把上例的 main 方法改写成下面形式，程序的运行结果也是相同的。

```
public static void main(String[ ] args)
{
 TestPerson tp=new TestPerson( );
 tp.speakName(new Person("wang",23));
 tp.speakName(new Person("yang",20));
 tp.speakAge(new Person("wang",23));
 tp.speakAge(new Person("yang",20));
 }
```

3.4 this 关键字

this 是 Java 提供的一个关键字，它表示当前类的对象。它主要有以下 3 种情况的应用。

（1）在成员方法或构造方法中使用 this 来访问成员变量，其格式为：

```
this.成员变量
```

在前一节的例子中，在 Person 类中有这样一个构造方法，如下。

```
Person(int a,String n)
{
 name=n;
 age=a;
 }
```

我们知道，name 和 age 是成员变量，a 和 n 是局部变量。实际上，此处省略了关键字 this，这个构造方法的完整写法如下。

```
Person(int a,String n)
{
 this.name=n;
 this.age=a;
 }
```

在具体的应用中，如果有语句“Person p2=new Person(23,"yang");”创建对象实体后，会调用这个构造方法，此时构造方法中的 this 应该就是 p2，即它执行如下内容。

```
p2.name=23;
p2.age="yang";
```

如果有语句“Person p3=new Person(26,"wu");”创建对象实体后，会调用这个构造方法，此时构造方法中的 this 应该就是 p3，即它执行如下语句。

```
p2.name=26;
p2.age="wu";
```

需要注意的是，并不是在什么情况下都可以省略关键字 this，当方法的局部变量与成员变量重名时，此时在方法中直接引用的该变量是局部变量，如果需要引用成员变量就必须要使用关键字，如下面的写法中 this 就不可省略了。

```
Person(int age,String name)
{
 this.name=name;
 this.age=age;
 }
```

（2）在成员方法或构造方法中使用 this 来访问其他成员方法，其格式为：

```
this.成员方法(参数列表);
class Person
{
string name;
void sayHello( )
{
System.out.println("Hello! " + name );
}
void say( )
{
sayHello( );
}
}
```

在 say( )方法中调用 sayHello( )方法，实际上此处的“sayHello( );”等同于“this. sayHello( );”。

（3）在一个构造方法中，用 this 调用另一构造方法，其格式为：

```
This(参数列表);
```

此处的参数列表和被调用的构造方法参数列表是匹配的，如下例所示。

```
class Person
{
 String name;
 int age;
 Person( )
 {
  this("LI",33); //调用下面的构造方法
 }
 Person(String name,int age)
 {
  this.name=name;
  this.age=age;
 }
}
public class TestPerson4
{
 public static void main(String[ ] args)
 {
  Person p=new Person( );
  System.out.println(p.name+","+p.age);
 }
}
```

程序运行结果如图 3.4 所示。

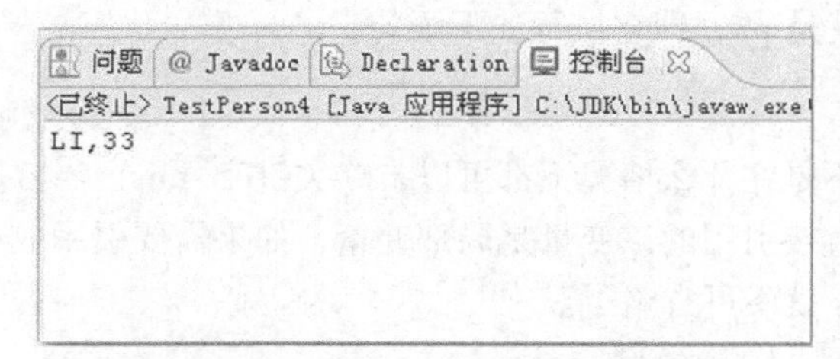

图 3.4　TestPerson4.java 程序运行结果

在 main 方法中，“new Person( )”表示调用无参的构造方法，即 Person( )，该方法中有一条语句 this("LI",33)，它表示调用其他的构造方法，并且方法的第一个参数是字符串，第二个参数是整型，即调用第二个构造方法 Person(String name,int age)，将实参值传给形参。

3.5　static 关键字

前面我们已经学习了类中的成员变量，已经知道成员变量实际上体现的是对象的静态属性特征，比如前面例子中 Person 类的 name 和 age 两个成员，Person 类创建的不同对象都会为这两个成员分配一次空间，它们的 name 值和 age 值可以是不同的，而且对一个对象成员的操作不会影响其他对象对该成员的操作。

而有些情况下，类中某些成员变量它体现的应该是类的属性特征而不是对象的属性特征，比

如定义圆这个类。

```
class Circle
{
  double PI;  //圆周率
  double r;   //半径
}
```

成员变量 r（半径）实际上是 Circle 类创建不同的对象都具有的属性，而且不同的对象 r 的值可以是不同的，但是圆周率 PI 实际上体现是类的静态特征，而不是对象的特征。所以，此处像定义圆周率 PI 这种成员变量，应该定义它为静态成员变量。格式为：

```
static 类型 静态成员变量名;
```

如上面的圆周率可以定义成 static double PI;

对于静态成员变量的访问可以直接使用类名，格式为：

```
类名.静态成员变量名
```

如访问上面的圆周率可以使用 Circle.PI，当然 Java 也允许通过对象引用去访问静态成员，这时我们需知道不同的对象引用访问的静态成员变量是相同的。

和静态成员变量一样，如果方法体现的是类的动态行为特征，而不是对象的动态行为特征，这种方法就是类方法。前面遇到的类中定义的 main 方法实际上就是类方法，定义类方法同样需要使用 static 关键字。格式为：

```
修饰符 static 方法类型 类方法名（参数列表）
{
方法体
}
```

对于类方法的访问可以直接使用类名，格式为：

```
类名. 类方法(实参列表);
```

Java 也允许像访问其他成员方法一样，使用对象引用去访问类方法。

我们已经知道在一个成员方法中是可以直接访问成员变量的，而且知道实际上省略了关键字 this（当然局部变量与成员变量重名时，访问成员变量是不可以省略 this），但是类方法中对应的情况则不同，对于类方法，需要注意以下几点。

（1）成员方法是属于某个对象的方法，在这个对象创建时，对象的方法在内存中拥有自己专用的代码段，而类方法是属于整个类的，它在内存中的代码段将随着类的定义而进行分配和装载，不被任何一个对象专有。

（2）由于类方法是属于整个类的，所以它不能操纵和处理属于某个对象的成员变量，而只能处理属于整个类的静态成员变量，即 static 方法只能处理 static 成员或调用 static 方法。

（3）类方法中，不能直接访问成员变量，在类方法中不能使用 this 关键字。

如下例所示。

```
class Test
{
 static int i=10;
 int j;
 void f( )
 {
  System.out.println(i);   //成员方法中可以访问静态成员
  System.out.println(j);   //成员方法中可以访问非静态成员
 }
```

```
 static void g( )
 {
  System.out.println(i);
  //System.out.println(j); //error类方法中不能访问非静态成员
 }
 public static void main(String[ ] args)
 {
  Test t=new Test( );
  t.f( );
  g( );//类方法中可以直接调用其他类方法
//f( );// error类方法中不可以直接调用其他非 static 方法
 }
}
```

表 3.1 所示为成员方法或类方法对成员的访问情况。

表 3.1 方法对成员的访问情况

	成员变量	静态成员变量	其他成员方法	其他类方法
成员方法	可直接访问或通过 this 访问	可直接访问或通过 this 访问	可直接访问或通过 this 访问	可直接访问或通过类名访问
类方法	不可直接访问，也不可以通过 this 访问	可直接访问，但不可通过 this 访问	不可直接访问，也不可通过 this 访问	可直接访问，但不可通过 this 访问

3.6 包

Java 程序的基本单位是类，一个源程序可能由很多的类构成，对于这些类应该如何管理？我们已经知道 JDK 也提供了许多的类，比如我们已经用过的 System，String 等，JDK 中的类又是怎么管理的？这一节开始学习 Java 中类的管理机制：包。

3.6.1 包的概念

包是为了解决一个较大的问题或者说设计一个较复杂的应用程序，这个应用程序中需要定义多个类，可以将这些类组织成包，这如同一个大学的所有学生的管理，是将他们组织成班级，班级又组织成院系，我们要明确指定一个学生，如果通过“院系名.班级名.学生名”这种方式可能更加高效。

包实际上不仅提供了一种命名机制，而且提供了一种可见性限制机制。Java 提供了在包这一层次上的访问权限控制，在后面的小节中我们会学习和包相关的访问权限。

3.6.2 import 语句

包内实际上含有一组相关的类，它们在单一的名字空间下被组织在了一起。例如，JDK 中提供一个日期时间类 Date，它的全名是 java.util.Date，在实际使用中，

```
class TestDate
{
  public static void main(String[ ] args)
  {
    java.util.Date dt=new java.util.Date ( );
  }
}
```

这种写法在程序中显得很不方便，此时可以使用 import 语句。

```
import java.uti.Date;
class TestDate
{
  public static void main(String[ ] args)
  {
    Date dt=new Date ( );
  }
}
```

使用 import 语句导入相应的类，在程序中就可以直接使用该类名了，不需要在类名前加上相应的包名，但是需要注意的是，如果在该程序中使用 java.util 包中其他的类，仍然要用完整的形式（即类名前加上包名）。所以通常用下面写法。

```
import java.util.*;
```

表示导入这个包中所有的类，此时在程序中可以直接使用 java.util 中的任意一个类。

在前面例子中，在程序中直接使用 System 类并没有在之前用 import 语句导入，那是因为 Java 编译器会为所有程序自动引入包 java.lang，因此不必用 import 语句引入它包含的所有的类，但是若需要直接使用其他包中的类，必须用 import 语句引入。

另外，需要注意使用星号“*”只能表示本层次的所有类，不包括子层次下的类。例如，在后面章节中，经常需要用两条 import 语句来引入两个层次的类，如下所示。

```
import java.awt.*;
import java.awt.event.*;
```

3.6.3　package 语句

我们知道 JDK 提供的类按照其用途，分别组织在不同的包中，便于管理和使用，我们自己在开发应用程序时如何将定义的类通过相应的包来管理，可以通过 package 语句来实现，格式如下。

```
package 包名;
class 类{
}
```

在 package 语句下定义的类都是在该包中的。包名必是合法的标识符。另外，在一个包中可以有子包，它们之间通过“.”分隔，而且包及其子包对应的目录结构应该存在。如果定义类之前没有 package 语句，表示这个类默认在一个无名包中。如下所示。

```
package abc.def;
class MyPackageClass
{
 public static void main(String[ ] args)
 {
  System.out.println("abc.def.MyPackageClass");
 }
}
```

此例中定义的类 MyPackageClass 是在包 abc.def 中的，该源文件 MyPackageClass.java 必须存放在目录“abc\def”下，若使用记事本编写源程序，该目录必须自已创建，如图 3.5 所示。

如果使用命令编译该文件，可以在当前目录下，也可以进入包的根目录，此例中包的根目录为“d:\book\ch3”，如图 3.6 所示。

运行该类时，必须在包的根目录下或使用相关命令选项指定包的根目录，并且要使用类的完整名称，如图 3.7 所示。

如果不是在包的根目录下运行，则会发生错误，如图 3.8 所示。

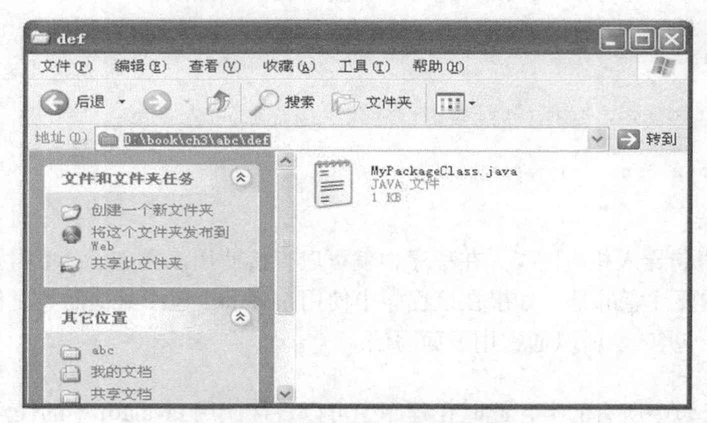

图 3.5 包的目录结构

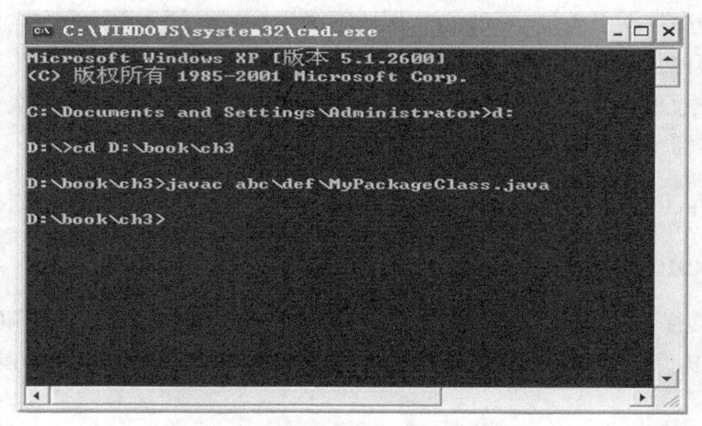

图 3.6 使用命令编译包中的源程序

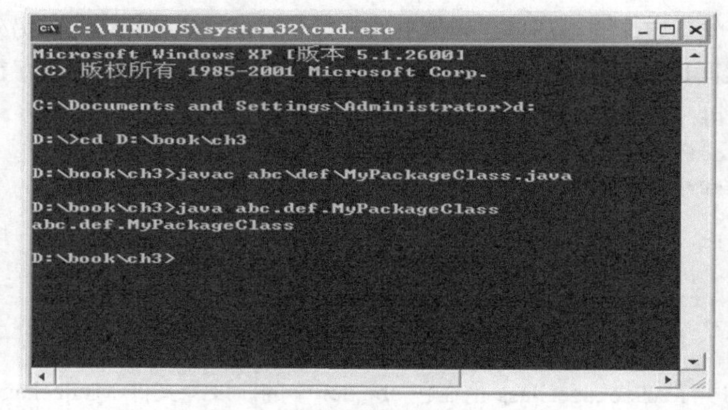

图 3.7 使用命令运行包中的类

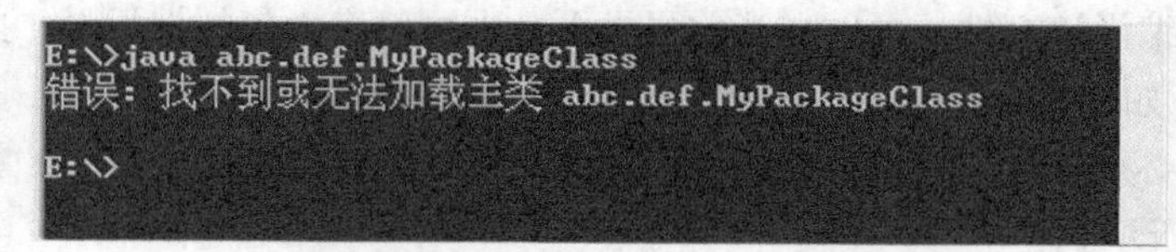

图 3.8 使用命令运行包中的类

此时可以修改环境变量的值，添加包的根目录“D:\book\ch3”，如图 3.9 所示。

图 3.9　添加环境变量 classpath 的值

在任意目录下都可运行该类，如图 3.10 所示。

```
E:\>java abc.def.MyPackageClass
abc.def.MyPackageClass

E:\>
```

图 3.10　任意目录下使用命令运行包中的类

如果在 Eclipse 中创建包，如图 3.11 所示。

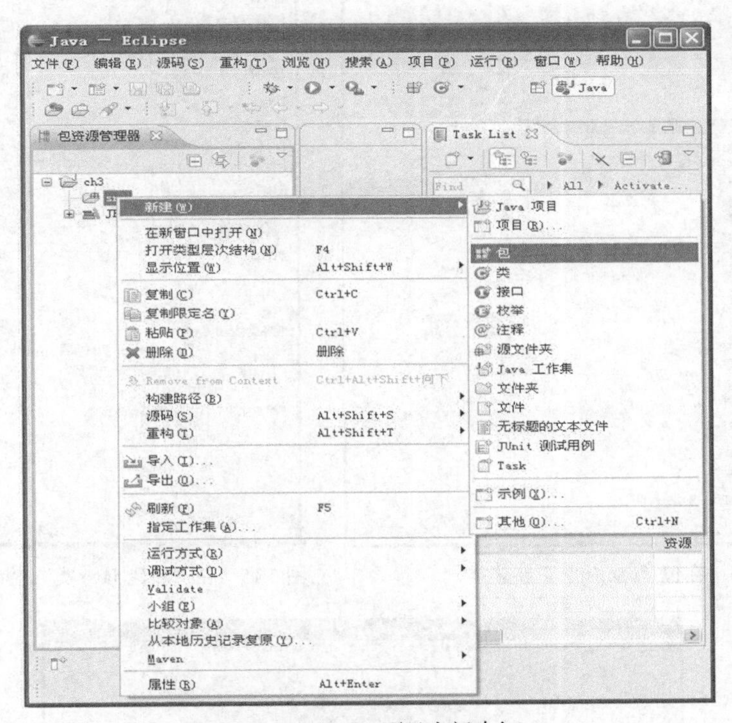

图 3.11　Eclipse 项目中新建包

打开“新建 Java 包”对话框，如图 3.12 所示。

在对话框中输入包名，如图 3.13 所示。

在包“chc.jsj”下新建一类，如图 3.14 所示。

在“新建 Java 类”对话框中输入类名“MyPackageClass”，如图 3.15 所示。

源程序中自动加入语句“package chc.jsj;”，如图 3.16 所示。

对应的包的目录结构自动生成，如图 3.17 所示。

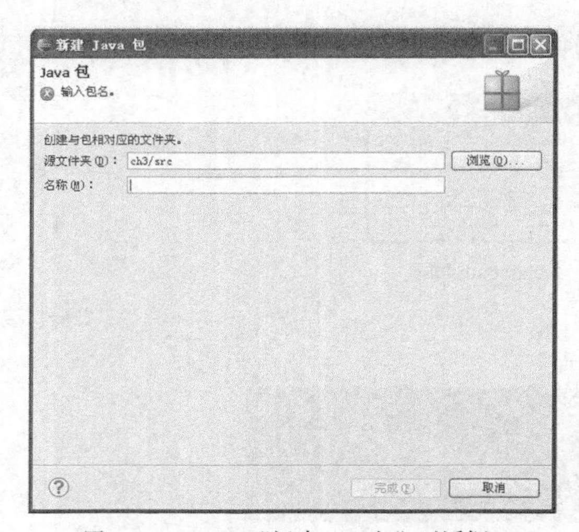

图 3.12　Eclipse“新建 Java 包”对话框

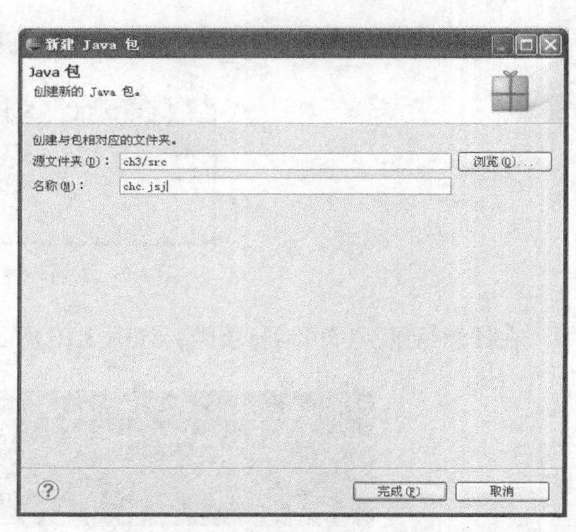

图 3.13　在 Eclipse“新建 Java 包”对话框中输入包名

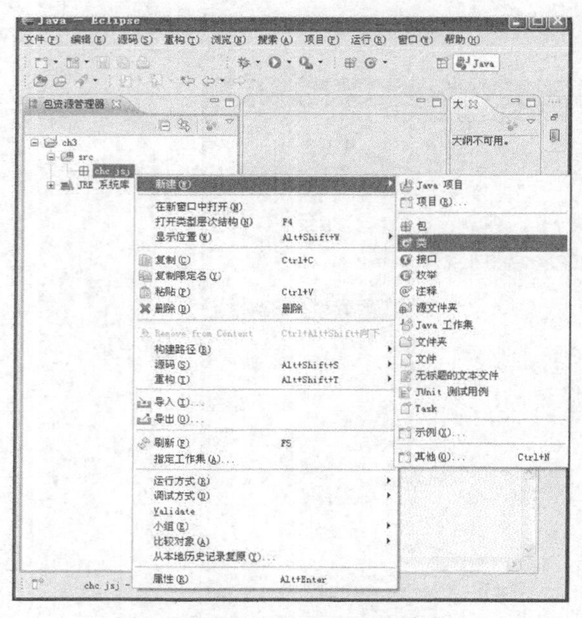

图 3.14　在包“chc.jsj”下新建类

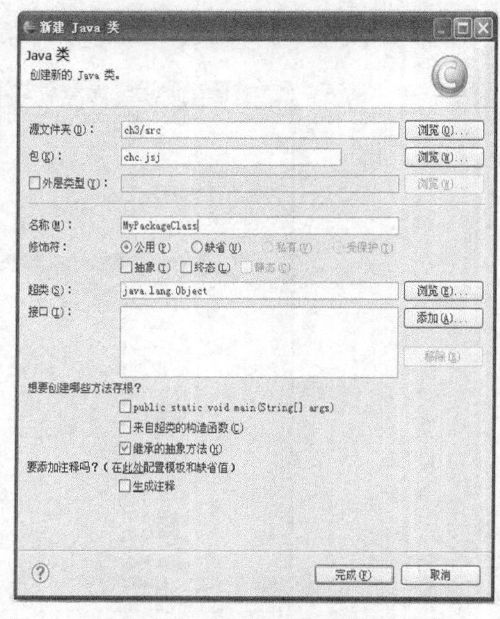

图 3.15　在“新建 Java 类”对话框中输入类名

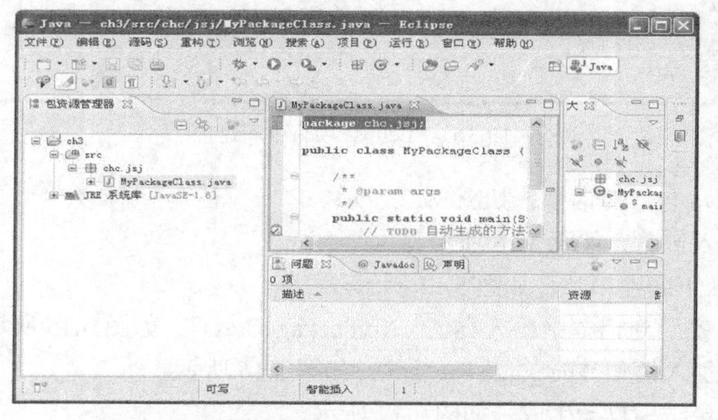

图 3.16　源程序中自动加入语句“package chc.jsj;”

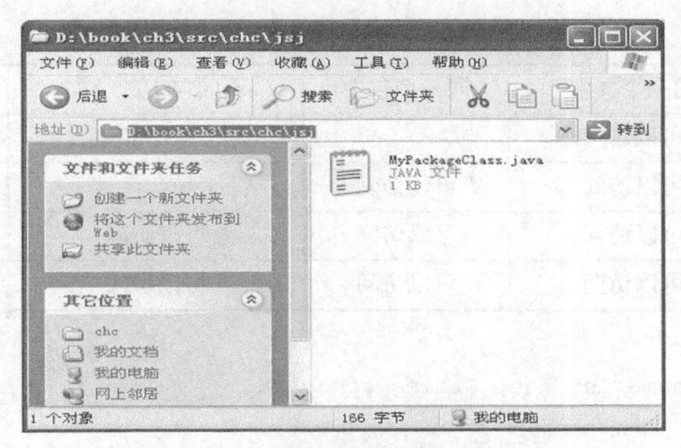

图 3.17　自动生成的包的目录结构

3.6.4　常用的包

JDK 给程序开发人员提供了丰富的类，这些类都在相关的包中，下面列举出一些常用的包，如表 3.2 所示，这些包我们有的已经接触，有的会在后续的学习中陆续接触。

表 3.2　　常用的包

包　名	说　　明
java.lang	提供利用 Java 编程语言进行程序设计的基础类
java.util	Java 的一些实用工具包，如 Date，Calendar，ArrayList
java.awt	包含用于创建用户界面和绘制图形、图像的所有类
java.awt.event	提供处理由 AWT 组件所激发的各类事件的接口和类
javax.swing	提供一组“轻量级”（全部是 Java 语言）组件，尽量让这些组件在所有平台上的工作方式都相同
java.io	输入流和输入流相的类
java.sql	提供访问并处理存储在数据源中的数据的 API
java.net	提供用于网络应用程序的类

3.7　访问权限

3.7.1　成员的访问控制符

对于成员而言，不管是成员变量还是成员方法，不同的权限对应的可访问级别是不一样的。通过下表可以看出每一种权限所对应的级别，后面两种关于子类和非子类，我们在这里也一并总结出来了，大家可以等到后续章节接触后再来学习，见表 3.3。

如下例所示。

```
package chc.jsj;
class Student{
 protected String school;
 private String name; //仅限于 Student 类访问
```

表 3.3　成员的访问权限

	同一个类中	同一个包中	不同包中的子类	不同包中的非子类
private	可以访问			
默认	可以访问	可以访问		
protected	可以访问	可以访问	可以访问	
public	可以访问	可以访问	可以访问	可以访问

```
 public int age;
 Student(String name,int age, String school)
 {
  this.name=name;
  this.age=age;
  this.school=school;
 }
}
public class Monitor{
 public static void main(String[ ] args)
 {
  Student s=new Student("li",25,"chc");
  System.out.println(s.name);       //name 定义时的权限是 private，在 Monitor 类中不能访问。
  System.out.println(s.age);        //可以访问 age 成员
  System.out.println(s.school);     //可以访问 school 成员
 }
}
```

在上例中 System.out.println(s.name)；会发生编译错误，如图 3.18 所示，因为在 Monitor 类中不能访问 name，它的修饰符是 private，只能在 Student 类中访问。

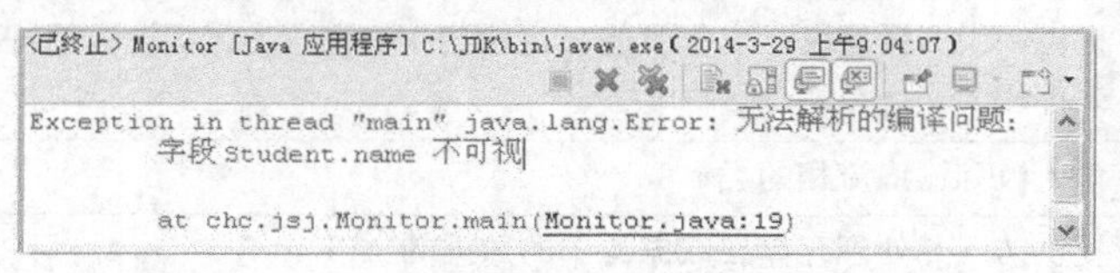

图 3.18　编译错误

3.7.2　类的访问控制符

在定义类时，也可以用访问控制符。类的访问控制符或者为 public，或者默认。若使用 public，其格式为：

```
public class 类名
{
类体
}
```

如果类用 public 修饰，则该类可以被其他类所访问，若类使用默认访问控制权限，则该类只能被同包中的类访问。

若使用默认，其格式为：

```
class 类名
{
类体
}
```

需要注意的是不可以在 class 关键字前面使用 private，protected 等权限修饰符，当然，定义内部类（后面章节中学习）除外。

习　题

1. 类与对象的区别是什么？
2. 构造方法的特征是什么？它有何作用？它在何时会被调用？
3. this 关键字有何用途？主要应用于哪些场合？
4. 成员变量与静态成员变量的区别是什么？
5. 成员方法与类方法的区别是什么？
6. 如何定义包和引用包？
7. 成员的访问权限有哪些？它们有什么区别？
8. 类的访问权限有哪些？它们有什么区别？

第 4 章 继承

4.1 继承的引入

在前面的章节中，我们已经学习了类与对象的关系，接触了面向对象的第一个特性：封装性。我们把类可以看成是 Java 程序的基本单位，就像是 C 语言中把函数看成是程序的基本单位一样。一个 Java 程序可以由多个类组成，每一个类都可以将一定的数据和功能封装在一起。下面我们来看两个类。

```
class Person
{
 String name;
 int age;
 void print_birthyear( )
 {
  System.out.println(2014-age);
 }
}

class Student
{
 String name;
 int age;
 String school;
 void print_birthyear( )
 {
  System.out.println(2014-age);
 }
 void print_school ( )
 {
  System.out.println(school);
 }
}
```

我们发现虽然 Student 类有一些属性（成员变量）和功能（成员方法）与 Person 类是相同的，但是在定义 Student 类时我们还是需要重新定义这些相同的属性和功能。我们能否以 Person 类为基础，复制它已有的属性和功能，然后通过添加或修改相关属性和功能来创建新类 Student 呢？通过继承便可以达到这样的效果。

继承性是面向对象的第二个特性，采用继承的机制来组织、设计系统中的类，可以提高程序的抽象程度，使之更接近于人类的思维方式，同时，通过继承也能较好地实现代码重用，可以提高程序开发效率，降低维护的工作量。

4.2　类的继承

4.2.1　继承的语法

```
class 子类 extends 父类
{
}
```

使用 extends 关键字可以让我们在定义一个类的同时，使得该这个类继承另一个类，继承的类称为子类或派生类，被继承的类称为父类或基类。一旦子类继承了父类，此时子类就拥有了从父类中继承的所有成员（非 private），不需要在子类中重复定义。前面 4.1 节的例子，如果用继承改写，可以写成下面形式。

```
class Person
{
 String name;
 int age;
 void print_birthyear( )
 {
  System.out.println(2014-age);
 }
}

class Student extends Person
{
 String school;
 void print_school ( )
 {
  System.out.println(school);
 }
}
```

虽然在定义 Student 类时，类体中只定义了成员变量 school，成员方法 print_school，但是它从父类 Person 中继承了另外的两个成员变量 name 和 age 以及成员方法 print_birthyear，这些继承而来的成员和自已定义的成员在使用时也是相同的。

4.2.2　成员变量的隐藏

在继承中，子类重新定义一个与从父类那里继承来的成员变量完全相同的变量，称为成员变量的隐藏。成员变量的隐藏在实际编程中用得较少。如下例所示。

```
class TestA
{int n=10;
}
class TestB extends TestA
{int n=100;
 public static void main(String[ ] args)
 { TestB tb=new TestB( );
   System.out.println(tb.n);
 }
}
```

子类 TestB 从父类 TestA 继承了成员变量 n，但在子类类体中又定义了成员变量 n，此时实际上子类拥有两个同名的成员变量 n，通过子类创建的对象引用该成员时，引用的是子类类体中定义的成员，从父类继承的成员被隐藏，运行结果如图 4.1 所示。

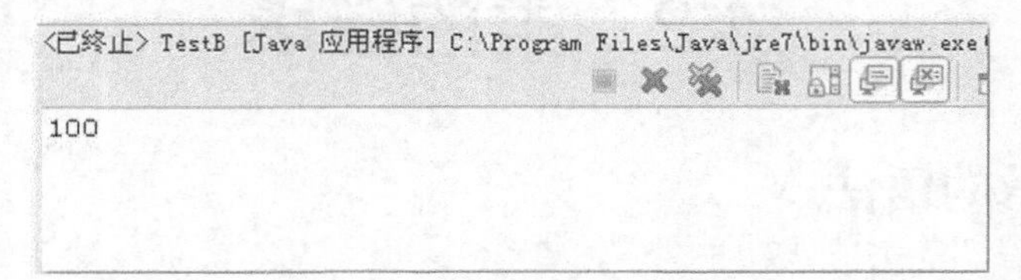

图 4.1　程序运行结果

4.2.3　成员方法的覆盖

子类可以定义与父类同名的成员变量，从父类继承的同名成员变量被隐藏，同样子类也可以重新定义与父类同名的方法，并且这两个方法的类型相同，方法中参数的个数相等，对应的参数类型相同，从而实现对父类方法的覆盖（Overriding）。

注意：如果子类要重写父类已有的方法时，应保持与父类完全相同的方法头声明，否则仅仅方法名相同只是方法的重载而不是方法的覆盖，重载的方法是与父类无关的方法，它是子类新添加的方法。如下例所示。

```
class TestA
{
void fun1(int i)
 { System.out.println(i);
 }
void fun2(int i)
 { System.out.println(i+1);
 }
}
class TestB extends TestA
{
void fun1(int i)
 { System.out.println("*"+i+ "* ");
 }
void fun2( )
 { System.out.println("fun2( ) called");
 }
 public static void main(String[ ] args)
 { TestB tb=new TestB( );
   tb.fun1(10);
   tb.fun2(10);
   tb.fun2( );
 }
}
```

子类中重写了从父类继承的成员方法 fun1，但并没有重写从从父类继承的成员方法 fun2，只是重载。程序运行结果如图 4.2 所示。

```
<已終止> TestB [Java 应用程序] C:\Program Files\Java\jre7\bin\javaw.exe
*10*
11
fun2( ) called
```

图 4.2　程序运行结果

4.3　继承中的构造方法

通过前面的学习，我们已经知道子类继承了父类，实际上就拥有了父类的成员方法，但是在类中还有一种特殊的方法——构造方法，那么构造方法能否被继承？ 我们先来看一个关于继承的例子。

```
class A
{
A( )
{
 System.out.println("A( ) is called ");
 }
}
class B extends A
{
B( )
{
 System.out.println("B( ) is called");
}
 public static void main(String[ ] a)
{
B b1=new B( );
 }
}
```

根据前一章学习的知识，从 new B( )容易知道，需要调用类 B 的无参构造方法，程序的运行结果应该是：B( ) is called。

但是实际上该程序的运行结果却不是我们预期的，其运行结果如图 4.3 所示。

```
问题 @ Javadoc 声明 控制台
<已终止> B [Java 应用程序] C:\Program Files\Java\jre7\bin\javaw.exe
A() is called
B() is called
```

图 4.3　程序运行结果

分析程序中并没有 new A( )这样的语句，类 A 的构造方法却被调用的，原因正是因为子类 B 继承了父类。

严格地说，构造方法不能被继承，因为构造方法名和类名相同，子类 B 的构造方法名一定是 B 不可能是 A。实际上，构造方法虽然不能被继承，子类的构造过程中需要调用而且必须调用父类的构造方法，它分为隐式调用父类构造方法和显式调用父类构造方法。

4.3.1　隐式调用父类构造方法

如果子类构造方法中没有显示调用父类构造方法，则系统默认调用父类无参构造方法，前面我们举的例子正是这种情形。假如我们删除 A 的构造方法，如下所示。

```
class A
{
```

```
}
class B extends A
{
 B( )
{
  System.out.print("B( ) is called");
}
 public static void main(String[ ] a)
  {
  B b1=new B( );
  }
}
```

程序的运行结果仍然是相同的，因为此时类 A 中相当于有一个无参的构造方法。

```
A( )
{
}
```

下面的程序就不能通过编译了，试想下为什么？

```
class A
{
  A(String str)
  { System.out.print("A( ) is called "+str);
  }
}
class B extends A
{
  B( )
  {
  System.out.print("B( ) is called");
  }
  public static void main(String[ ] a)
  {
  B b1=new B( );
  }
}
```

程序编译问题如图 4.4 所示。

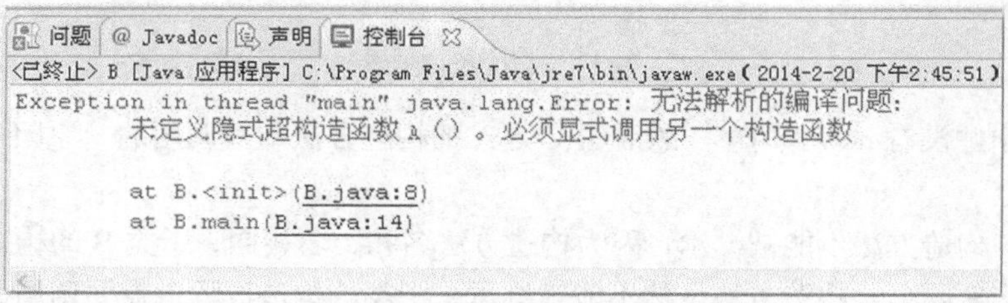

```
问题 @ Javadoc 声明 控制台
<已终止> B [Java 应用程序] C:\Program Files\Java\jre7\bin\javaw.exe ( 2014-2-20 下午2:45:51 )
Exception in thread "main" java.lang.Error: 无法解析的编译问题:
        未定义隐式超构造函数 A（）。必须显式调用另一个构造函数

        at B.<init>(B.java:8)
        at B.main(B.java:14)
```

图 4.4　程序编译问题

4.3.2　显式调用父类构造方法

子类可以在自己的构造方法中使用 super 语句调用父类的构造方法（必须写在子类构造方法第一行）。

格式：super(参数 1,参数 2……);

该语句表示调用父类的构造方法。由于构造方法可以重载，所以具体调用哪一个构造方法取决于后面的参数。如下例所示。

```
class Student
{
 String name;
 int age;
Student( )
 {
  System.out.println("I am a Student");
 }

 Student(String name)
 {
  this.name=name;
 }

}
public class Monitor extends Student
{
 Monitor(int age)
 {
  super("li"); //调用父类的第二个构造方法
  this.age=age;
 }
 public static void main(String[ ] args)
 {
  Monitor s=new Monitor(20);
  System.out.println(s.name+","+s.age);
 }
}
```

父类 Student 中定义了两个构造方法，一个方法无参，另一个方法有一个 String 类型的参数，在子类的构造方法中语句“super("li");”显然是调用父类的第二个构造方法，给子类继承的成员变量 name 赋值，程序运行结果如图 4.5 所示。

程序运行结果如图 4.5 所示。

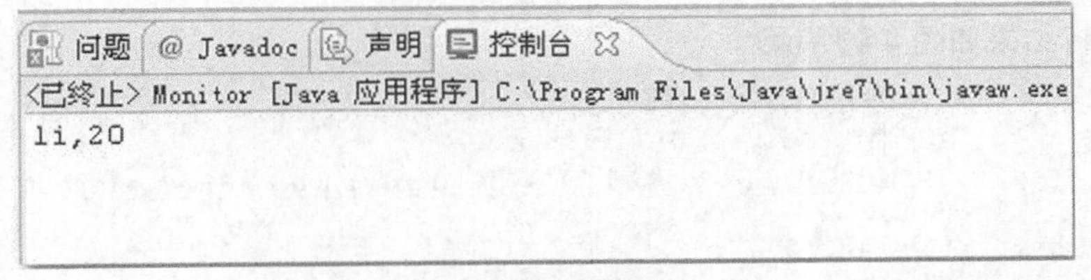

图 4.5　程序运行结果

4.3.3　super 的其他用法

前面已经学习了 this 关键字的语法，并且知道 this 关键字总是和当前类的实例相关的，而 super 关键字总是和当前类的父类相关的，在前面一节中我们接触了这种用法是使用 super 语句在构造方法中显式调用父类构造方法，除了这种用法之外，super 关键字还有其他用法。通过表 4.1 将它和 this 关键字作比较。

表 4.1　　　　this 关键字与 super 关键字的比较

	成员变量	成员方法	构造方法
this	this.成员变量	this.成员方法（参数，……）	this（参数，……）
	引用当前类的实例的成员变量	调用当前类的实例的成员方法	调用当前类的其他构造方法
super	super.成员变量	super.成员方法（参数，……）	super（参数，……）
	引用从父类继承的成员变量	调用从父类继承的成员方法	调用父类的构造方法

正如我们有时可以省略 this 关键字，有时却不能省略一样，super 关键字也是如此。在 4.2.2 节中我们知道，当子类中又定义了和父类继承的成员变量重名时，从父类继承的成员变量被隐藏，但是只是被隐藏，它依然是存在的，这时如果使用该隐藏的成员就必须使用 super.成员变量，同样如果子类重写父类继承的成员方法，此时调用父类继承的成员方法也必须使用 super.成员方法（参数,……）。如下例所示。

```
class TestA
{
 String str;
 int t;
}
public class TestB extends TestA
{
 void f( )
 {
  System.out.println(str+","+t);
  System.out.println(this.str+","+this.t);
  System.out.println(super.str+","+super.t);
 }
 public static void main(String args[ ])
 {
 TestB b=new TestB( );
 b.f( );
 }
}
```

此例中 f( )方法中的 3 条语句作用是相同的，或者说这种情况下引用成员既可以省略 this，也可以省略 super。

程序的运行结果如图 4.6 所示。

```
问题 @ Javadoc 声明 控制台
<已终止> TestB [Java 应用程序] C:\Program Files\Java\jre7\bin\javaw.exe
null,0
null,0
null,0
```

图 4.6　程序运行结果

再看下面的例子。

```
class TestA
{
 String str="testa";
 int t;
}
public class TestB2 extends TestA
```

```
{
 String str="testb";
 void f( )
 {
  System.out.println(str+","+t);
  System.out.println(this.str+","+this.t);
  System.out.println(super.str+","+super.t);
 }
 public static void main(String args[ ])
 {
 TestB2 b=new TestB2( );
 b.f( );
 }
}
```

程序的运行结果如图 4.7 所示。

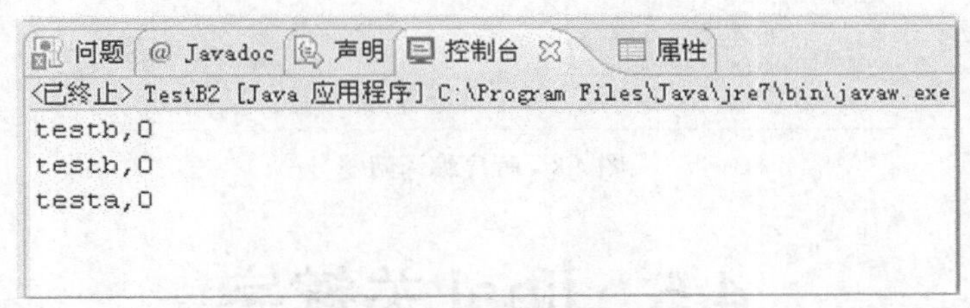

图 4.7　程序运行结果

4.4　继承中的权限

前一章讨论了成员的访问权限，考虑了两种情形：同一个类中和同一个包中，在不同的包中成员的访问权限又是如何？这要区分是子类还是非子类，具体情形见表 4.2。

表 4.2　不同包中的成员访问权限

	不同包中的子类	不同包中的非子类
private	不可以访问	不可以访问
默认	不可以访问	不可以访问
protected	可以访问	不可以访问
public	可以访问	可以访问

如下例，两个文件 A.java 和 B.java。

```
//A.java
package abc;
public class A
{
 protected String m;
 int n;
}


//B.java
```

```
package def;
import abc.A;
public class B extends A
{
 public static void main(String[ ] args)
 {
 B b1=new B( );
 System.out.println(b1.m); //可以访问
 System.out.println(b1.n); // 不可以访问
 }
}
```

程序编译问题如图 4.8 所示。

```
<已终止> B(2) [Java 应用程序] C:\Program Files\Java\jre7\bin\javaw.exe(2014-2-20 下午2:53:33)
Exception in thread "main" java.lang.Error: 无法解析的编译问题:
	字段 A.n 不可视

	at def.B.main(B.java:11)
```

图 4.8 程序编译问题

4.5 final 关键字

通过继承，可以很好地实现代码复用，但同时也带来了问题：代码的不安全性，因为一旦子类继承了父类，子类可以重写父类的方法，也可以隐藏父类的属性，而有时候对于一些类，我们不允许它被继承，这时可以使用关键字 final。

4.5.1 final 类

前面使用的类 System 就是不能被继承的，它的声明：public final class System ，对于一个类，如果不允许被继承，在定义时使用以下格式。

```
public final class 类名
{
 //类体;
}
```

4.5.2 final 方法

final 除了可以修饰类，还可以用来修饰方法，它所修饰的方法，表明不能被子类所重写，在定义时使用以下格式。

```
访问权限 final 方法名(参数,……)
{
}
```

如下例所示。

```
class TestA
{final void fun1(int i)
 { System.out.println(i);
 }
}
class TestB extends TestA
```

```
{ void fun1(int i)   //不能重写 fun1 方法
 { System.out.println("*"+i+ "* ");
 }
 public static void main(String[ ] args)
 { TestB tb=new TestB( );
 tb.fun1(10);
 }
}
```

可以思考这样的问题：final 修饰符所修饰的方法，能否被子类重载?

4.5.3　final 成员变量与局部变量

final 可以修饰成员变量，若成员变量不是 static 修饰的，则必须且只能对成员变量赋值一次，并且不能缺省。这种对成员变量的赋值方式有两种：一是在定义变量时赋初始值，二是在每一个构造函数中进行赋值。

一个成员变量若被 static　final 两个修饰符所限定时，它实际的含义就是常量。在程序中，通常用 static 与 final 一起使用来指定一个常量。如 java.lang.Math 类中定义了 PI（表示圆周率）就是这种常量，它的定义形式：public static final double PI。

需要注意的是，在定义 static final 成员变量时，若不给定初始值，则按默认值进行初始化（数值为 0，boolean 型为 false，引用型为 null）。

final 还可以修饰局部变量，也必须且只能赋值一次。它的值在变量存在期间不会改变。

如下例所示。

```
public final class Test
{
public static final int id1=5;
public final int id2;
public Test( )
{
id2 = ++ id1; // 在构造方法中对声明为 final 的变量 id2 赋值
}
public static void main(String[ ] args)
{
Test t = new Test( );
System.out.println(t.id2);
final int m = 1;
final int n;
m= 2;
//n= 3; //非法
}
}
```

4.6　继承中需要注意的问题

1. Java 仅支持单继承

前面我们见过的例子：

```
class Student extends Person
{
......
}
```

类 Student 是类 Person 的直接子类，或者说类 Person 是类 Student 的直接父类，通常也简称子类、父类。

对于 Java 中的类，它只能有一个直接父类。并不是所有的面向对象语言都是单继承，有的语言也支持多继承。

2. 一个子类可以同时拥有多个父类

虽然 Java 仅支持单继承，一个子类只能有一个直接父类，但这并不影响一个子类可以同时拥有多个父类。此时，形成了类的多层继承（注意不是多继承），这些类形成了一个继承链，如下例所示。

```
class Student extends Person
{
……
}
class Monitor extends Student
{
……
}
```

显然 Monitor 类的直接父类是 Student 类，但 Person 类也是 Monitor 类的父类，换句话说，Monitor 同时继承了 Student 类和 Person 类的所有成员。

3. Java 中所有的类都是直接或间接继承 java.lang.Object 类

如：

```
class Person
{
……
}
```

等同于：

```
class Person extends Object
{
……
}
```

习　题

1. 如何实现类的继承？
2. 在继承中如何调用构造方法？
3. super 关键字用于什么场合？
4. 继承中不同权限的成员访问时有何限制？
5. final 关键字有什么用途？

第 5 章 抽象类、接口与内部类

5.1 抽象类

5.1.1 抽象方法

Java 提供了一种机制：抽象方法。这种方法和前面接触的方法不同，它只有方法的声明，没有方法体，下面是声明抽象方法的语法：

```
abstract 方法类型 方法名(形参类型 形参名,……);
```

抽象方法它通常用于抽象类或接口中。

5.1.2 抽象类

定义一个类时，如果其中包含抽象方法，这个类就是抽象类，在定义这个类时要使用关键字 abstract，如：

```
abstract class Shape
{
 public abstract float getArea( );
}
```

一个 abstract 类并不关心功能的具体行为，只关心它的子类是否具有这种功能，并且功能的具体行为由子类负责实现。

对于 abstract 类，可以创建对象的引用，但不能使用 new 运算符创建该类的对象，如“new Shape( );”是不能通过编译的。

一般情况下对象由其子类创建，如果一个类是 abstract 类的子类，它必须具体实现父类的所有 abstract 方法，所以不允许使用 final 修饰 abstract 方法。如：

```
class Circle extends Shape
{
   public float getArea( )
   {
  ……
   }
}
```

此时可以用下面语句创建对象：

```
Shape s=new Circle( );
```

需要注意的是，抽象方法在子类中必须被实现，否则子类仍然是 abstract 的。

5.1.3 抽象类对象在方法参数中的使用

如果一个方法的参数是抽象类类型的，那么在调用这个方法时可以使用这个抽象类的子类的对象引用，当然子类中必须实现抽象类的抽象方法，如下例所示。

```
abstract class A
{
 abstract void f1( );
}
class B
{
 void f2(A a)
 {
   a.f1( );
 }
}
class C extends A
{void f1( )
 {System.out.println("hello");
 }
}
public class TestAbs
{
public static void main(String[ ] args)
 {B b1=new B( );
  b1.f2(new C( ));
 }
}
```

B 类中 f2 方法的参数类型是 A，在 TestAbs 类中调用该方法时使用 “b1.f2(new C( ));”，因为类 C 继承了类 A，它实现了抽象方法 f1，此时相当于把引用 new C( )传值给形参 a，此时方法 f2 中调用语句 “a.f1( );”，调用的是类 C 中实现的 f1 方法。

程序的运行结果如图 5.1 所示。

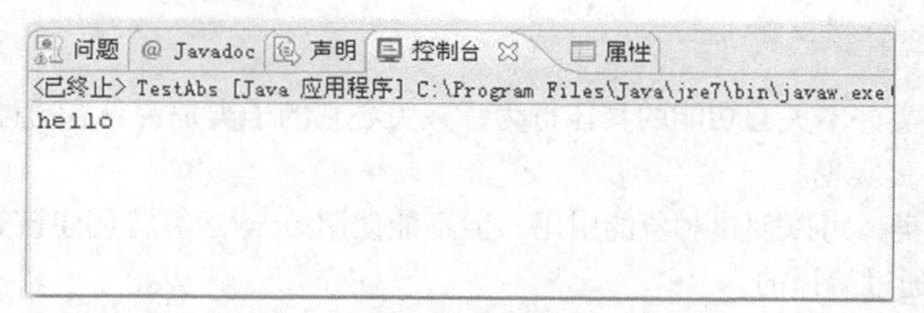

图 5.1 程序运行结果

5.2 接口

5.2.1 接口的引入

我们都知道，继承性是 Java 语言的一个特征，它能够很好地实现代码复用。但是 Java 中的继承是单继承，一个子类最多只能有一个直接父类。单继承使得程序的层次关系清晰、可读性强。实际上，单继承使得 Java 中的类的层次结构成为树型结构，这种结构在处理一些复杂问题时可能表现不出优势。

我们知道，现实世界中多继承是大量存在的，有的面向对象语言也支持多继承（如 C++），多继承有其优点，也有其缺陷。为了弥补单继承的不足，使其在语言中达到多继承的效果，Java 提供了接口，利用接口可以间接地实现多继承。

另一方面，有些类与类之间虽然有一些共同的行为特征，比如，定义圆和矩形这两个类，它们都有共同的动态行为：求面积（尽管求面积的方法不同），显然我们用继承来表示这种共同的动态行为特征是不适合的，我们不能定义圆是矩形的子类或者矩形是圆的子类。

正因为如此，接口应运而生。

5.2.2　接口的定义

接口的定义和类的定义是类似的，它由接口声明和接口体两部分组成，格式如下。

```
修饰符  interface 接口名
{
 接口体
}
```

如：

```
interface ComputeCircle
{
 double PI=3.14;// 前面省略 public static final
 double getArea(double r );//前面省略 public abstract
}
```

关键字 interface 前的修饰符是可选的，可以是 public 或默认（即不加修饰符），这一点和类的定义时可用的修饰符是相同的。如果是 public，表明定义的接口是公共的，在任何地方都可以使用它；如果是默认，表明定义的接口只能在同一个包中被访问。

接口体中可以包含成员变量和方法，接口中的变量实际是常量，在定义变量时即使前面省略修饰符，仍然默认为 public static final。接口中的方法都是抽象方法，不能有方法体，方法前面即使省略修饰符，仍然默认为 public abstract。

5.2.3　接口的实现

接口中定义的方法仅仅是抽象方法，这些方法的实现都是在具体的类中完成的，我们称这些具体的类实现了接口。

在定义一个类的时候，在类的声明部分用关键字 implements 来声明这个类实现某个接口，如果实现多个接口，接口名之间用逗号隔开，它的格式如下。

```
class 类名 implements 接口 1,接口 2……
{
 //实现接口中的所有抽象方法
}
```

如：

```
class Circle implements ComputeCircle
{
 public double getArea( double r )
 {
  return PI*r*r;
 }
}
```

需要注意的是，一个类可以同时实现一个接口或多个接口，类体中它必须实现这些接口中的所有抽象方法，即为这些方法提供方法体，否则这个类仍然是抽象类，并且需在前加 abstract 关键字。另外，类在实现接口中抽象方法时，必须确保方法名、参数和接口中的完全一致，如果实现的方法与抽象方法仅仅是方法名相同，参数不同，这仅仅是方法的重载，而不是方法的实现。

上例中类 Circle 类中的 getArea( )方法就是对接口 ComputeCircle 中的 getArea( )方法的实现，注意它的形式。

```
public double getArea( double r )
 {
  return PI*r*r;
 }
```

这与接口中的抽象方法是一致的。

但是下面的例子，显然是不能通过编译的。

```
class Circle implements ComputeCircle
{
 double r;
 public Circle( double r)
 {
  this.r=r;
 }
 public double getArea( )
 {
  return PI*r*r;
 }
}
```

Circle 类中的 getArea 方法是无参的，而接口中的 getArea 方法是有参数的，所以实际上这只是一个 getArea 方法的重载，而且 Circle 类并没有实现 ComputeCircle 接口。

如果用下面的写法来实现这个接口，是否可以呢?

```
class Circle implements ComputeCircle
{
 double getArea( double r )
 {
  return PI*r*r;
 }
}
```

我们发现这个 getArea 方法与之前的例子相比只是 getArea 方法的权限不同，此处为默认的，也就是说虽然实现了接口中的 getArea 方法但是降低了访问权限（接口中方法是 public），所以同样会发生编译错误。换句话说，一个类（非抽象）实现了接口，则这个类中必须实现接口中的所有抽象方法，而且方法的权限必须是 public（不能省略）。

5.2.4 接口的使用

接口可以看作是一种特殊的类，它和类一样都是引用类型，并且编译后会生成一个独立的字节码文件，接口的使用和类既有相同的地方也有不同的地方。我们可以用下面的格式定义一个接口变量。

接口名 接口变量;

如 ComputeCircle cc;

cc 就是一个接口变量，它同样表示的是引用，对应的存储空间是栈内存，这一点与用类创建对象是一样的。

但是，此时不能使用 new 在堆内存中分配实体空间，如下面的写法是错误的。

```
cc=new ComputeCircle( );
```

对于实现了接口的类可以使用 new 运算符，所以下面的形式是合法的。

```
cc=new Circle( );
```

此时，可以通过该接口变量去调用被 Circle 类实现的 getArea( )方法，也称为接口回调。

如 cc.getArea(4.5);

它调用的方法是 Circle 类中实现的 getArea( )方法。

5.2.5　接口变量在方法参数中的使用

接口变量也可以在方法的参数中使用，在前面已定义的 ComputeCircle 接口和 Circle 类基础上，我们把上面的例子改写成以下形式。

```
class Test
{
 void f1(ComputeCircle cc)
 {
   double s;
   s=cc.getArea(4.5);
   System.out.println(s);
 }
public static void main(String[ ] args)
 {
  Test ts=new Test( );
  ts.f1(new Circle( ));
 }
}
```

Test 类中 f1 方法的参数是接口类型，在调用这个方法时它使用的实参是实现了该接口的类 Cirlce 创建的对象的引用 new Circle( )，此时 f1 方法中 cc.getArea(4.5)调用的是 Cirlce 类中实现的 getArea 方法。程序的运行结果如图 5.2 所示。

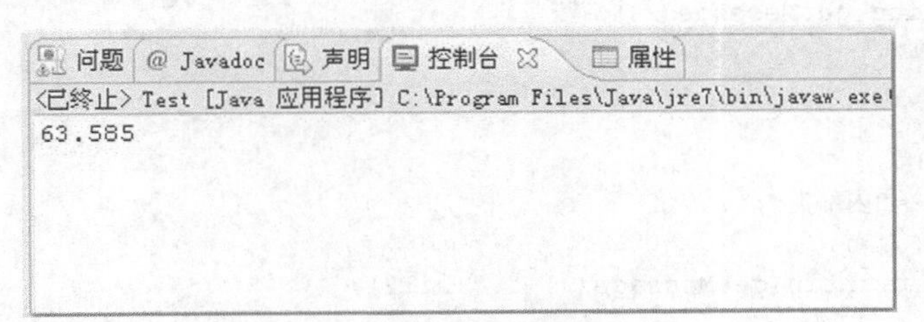

图 5.2　程序运行结果

5.2.6　接口与抽象类的异同

我们已经知道，使用抽象类可以在一个类中定义一个或多个抽象方法，这些方法都是没有实现的，它们的实现是在这个类的子类中完成的。

接口使抽象的概念向前迈进了一步，它可以产生一个完全抽象的类，所以本质上讲它是一种特殊的抽象类。

虽然接口与抽象类有很多相同点，但是在具体含义上是不同的，抽象类更注重这个类描述的是什么及其本质，而接口更注重具有什么样的功能及它能充当的角色，见表 5.1。

表 5.1　　接口与抽象类比较

	接　口	抽 象 类

语法	interface 接口名
	{
	}
		abstract 抽象类名
		{
		}

实例化	不能直接实例化	不能直接实例化
方法	接口中的方法全部是抽象方法	抽象类中的方法不一定全部是抽象方法
继承	一个类可以实现多个接口	一个子类只能有一个直接父类
成员权限	接口中的成员都是 public，即使省略	抽象类中的成员不一定是 public

在具体的软件设计中，选用接口和抽象类有时都能够解决问题，但一般而言，当一个子类已经继承一个父类，如果还希望实现其他功能，可以通过接口来完成。

5.3　内部类

Java 中允许将一个类的定义置入另外一个类中，把里面定义的类称为内部类，外面的类称为外部类或外嵌类。内部类根据它定义的位置不同，可以分为多种情况。

5.3.1　成员内部类

内部类定义在外部类中成员方法的外面，这种内部类是成员内部类，它的作用相当于外部类的一个成员。

```
class Outside
{
  String str1="外部类";
  Inside ins=new Inside( );
  private String getMessage( )  {
   return str1;
  }
  class Inside
  {
   String str2="内部类";
   void getInfo( ) {
   System.out.println(getMessage( )+" "+str2);
   }
  }
}
public class Test1
{ public static void main(String[ ] args) {
      Outside os=new Outside( );
      os.ins.getInfo( );
   }
}
```

内部类编译后字节码文件如图 5.3 所示。

程序的运行结果如图 5.4 所示。

由于成员内部类与外部类中的成员变量、成员方法一样，都是外部类的成员，所以在成员内部类中可以直接访问外部类的其他成员，即使这些成员是 private，上例中在内部类的成员方法 getInfo( )方法中直接访问外部类的成员方法 getMessage( )。

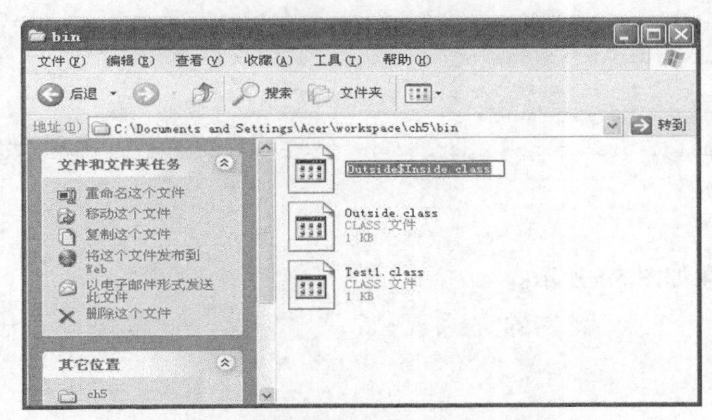

图 5.3　内部类编译后字节码文件 Outside$Inside.class

问题　@ Javadoc　声明　控制台　属性
<已终止> Test1 [Java 应用程序] C:\Program Files\Java\jre7\bin\javaw.exe
外部类 内部类

图 5.4　程序运行结果

需要注意的是，我们已经知道类的访问权限只有 public 和默认两种，是不能使用其他修饰符的，但是成员内部类和相当于外部类的成员是一个成员，所以它的前面是可以使用 private、protected 和 public 等权限的，含义和成员的权限相同。

另一方面，定义类的时候前面是不能使用 static 关键字的，但是定义成员内部类时是可以使用 static 关键字的，此时它相当于一个静态成员，用法和外部类中的其他静态成员是相同的。

在外部类里面使用内部类可以直接使用内部类，在外部类外面使用内部类，如果内部类是非 static，可以采用下面方式。

```
外部类名.内部类名　引用变量=外部类对象引用.new 内部类名(参数);
```

或

```
外部类名.内部类名　引用变量=new 外部类名(参数).new 内部类名(参数);
```

其中，括号中参数和括号前面类中构造方法参数一致。

```
class Outside
{
  String str1="外部类";
  Inside ins;
  private String getMessage( )
  {
   return str1;
  }
  class Inside
  {
   String str2="内部类";
   void getInfo( )
   {System.out.println(getMessage( )+"  "+str2);
   }
  }
}
```

```
public class Test2
{ public static void main(String[ ] args)
 {
   Outside os=new Outside( );
   Outside.Inside ois=os.new Inside( );  //在 Test2 类中创建内部类对象 ois
   ois.getInfo( );
  }
}
```

程序的运行结果如图 5.5 所示。

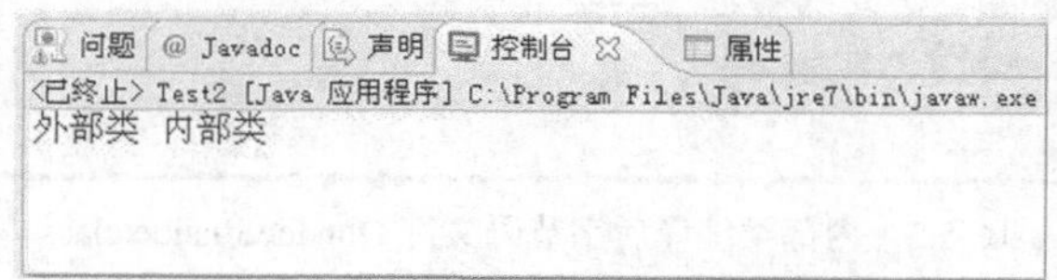

图 5.5　程序运行结果

我们已经知道，在内部类中可以直接访问外部类的其他成员变量和成员方法，在前面的例子中，已经遇到过这种情形，但是如果内部类中与外部类有同名的成员变量，可以使用以下格式来访问外部类中的同名成员。

```
外部类名.this.成员名
```

如下例所示。

```
class Outside
{
 String str="外部类成员";

 class Inside
 {
  String str="内部类成员";
  void f(String str)
  {
   System.out.println(str);                    //局部变量
   System.out.println(this.str);               //内部类对象的成员变量
   System.out.println(Outside.this.str);       //外部类对象的成员变量
  }
 }
}
public class Test3
{ public static void main(String[ ] args)
 {
   Outside os=new Outside( );
   Outside.Inside ois=os.new Inside( );
   ois.f("局部成员");
  }
}
```

程序的运行结果如图 5.6 所示。

```
问题  @ Javadoc  声明  控制台  属性
<已终止> Test3 [Java 应用程序] C:\Program Files\Java\jre7\bin\javaw.exe
局部成员
内部类成员
外部类成员
```

图 5.6　程序运行结果

5.3.2　局部内部类

内部类定义在外部类中成员方法的里面，这种内部类是局部内部类，它的作用相当于方法中的一个局部变量。

如下例所示。

```
class Outside
{
  String str="外部类成员";
  void g( )
  {
    class Inside
    {
      void f( )
      {
       System.out.println("调用局部内部类对象的成员方法 f( )");
      }
    }
    Inside is=new Inside( );
    is.f( );
  }
}
public class Test4
{ public static void main(String[ ] args)
 {
     Outside os=new Outside( );
     os.g(  );
   }
}
```

程序的运行结果如图 5.7 所示。

问题　@ Javadoc　声明　控制台　属性
<已终止> Test4 [Java 应用程序] C:\Program Files\Java\jre7\bin\javaw.exe
调用局部内部类对象的成员方法f()

图 5.7　程序运行结果

在定义局部内部类时需要注意，前面不能使用 public，private，protected 等修饰符，也不能用 static 关键字，但可以使用 final 修饰符，这一点和局部变量是相同的。

另外，局部内部类中可以访问其外部类的成员，如果局部内部类所在的方法是 static 修饰的，局部内部类中可以访问其外部类的 static 成员。

局部内部类，不能访问该其所在方法的局部变量，但是如果局部变量前有 final 修饰符是可以访问的。

5.3.3　匿名内部类

匿名内部类，也称匿名类，它是一种特殊的内部类，这种类的特点是没有类名，并且这种类在定义的同时，就创建了该类的一个实例。匿名类通常基于继承或基于接口实现。

基于继承的匿名类，我们先通过下面的例子来了解。

```
class Test
{
 void f( )
 {
  System.out.println("Test:f( )");
 }
}

public class Outside
{
 public static void main(String[ ] args)
 {
 class Inside extends Test  //定义局部内部类
 {
  void f( )
  {
  System.out.println("Inside:f( )");
  }
 }
 new Inside( ).f( ); //创建局部内部类对象，并调用 f 方法
}
}
```

程序的运行结果如图 5.8 所示。

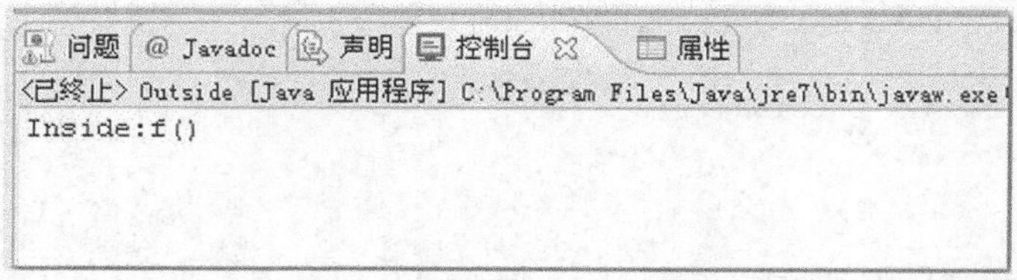

```
问题  @ Javadoc  声明  控制台  属性
<已终止> Outside [Java 应用程序] C:\Program Files\Java\jre7\bin\javaw.exe
Inside:f()
```

图 5.8　程序运行结果

可以使用匿名类改写上面的程序，如下所示。

```
class Test
{
 void f( )
 {
  System.out.println("Test:f( )");
 }
}

public class Outside2
{
 public static void main(String[ ] args)
 {
 Test ts=new Test( )
   {
          void f( )
          {
           System.out.println("Inside:f( )");
          }
      };
ts.f( );
 }
}
```

程序的运行结果如图 5.9 所示。

问题　@ Javadoc　声明　控制台　属性
<已终止> Outside2 [Java 应用程序] C:\Program Files\Java\jre7\bin\javaw.exe
Inside:f( )

图 5.9　程序运行结果

在改写的例子中，在 main( )方法中使用匿名内部类，即不需要定义内部类 Inside，这种写法很简洁。需要特别注意花括号后的分号。

基于接口的匿名类，先通过下面的例子来了解一下。

```
interface Testable
{
 void f( );
}

public class Outside3
{
 public static void main(String[ ] args)
 {
 class Inside implements Testable
 {
  public void f( )
  {
  System.out.println("it's a test");
  }
 }

 Testable tt=new Inside( );
 tt.f( );
 }
}
```

程序的运行结果如图 5.10 所示。

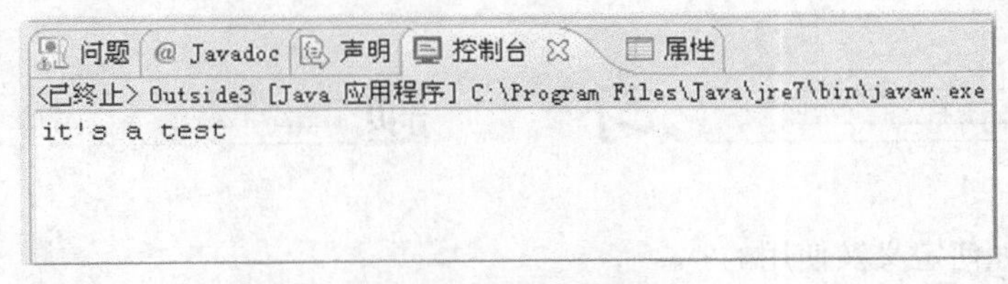

图 5.10　程序运行结果

可以使用匿名类改写上面的程序，如下所示。

```
interface Testable
{
 void f( );
}

public class Outside4
{
 public static void main(String[ ] args)
```

```
 {

 Testable tt=new Testable( )
                  {
                    public void f( )
                    {
                     System.out.println("it's a test");
                    }
                 };
 tt.f( );
 }
}
```

程序的运行结果如图 5.11 所示。

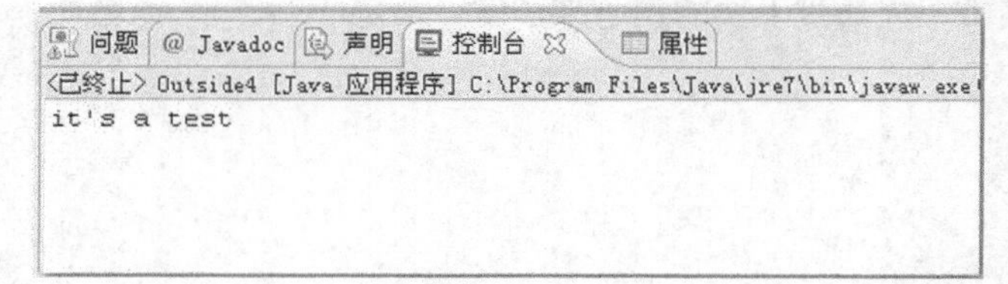

图 5.11　程序运行结果

从上面的分析，我们容易知道匿名类的格式。

基于继承的匿名类，它的一般格式为：

```
new 父类名（ 参数 ）
{
 重写父类中某个成员方法
};
```

其中参数和父类中的某个构造方法一致。

基于接口的匿名类，它的一般格式为：

```
new 接口名（   ）
{
 接口中所有抽象方法的实现
};
```

习　　题

1. 抽象类是如何定义及使用的？
2. 什么是接口？如何定义接口？
3. 接口与抽象类的有哪些区别？
4. 什么是内部类？如何使用内部类创建对象？
5. 内部类定义时可以使用哪些权限修饰符？
6. 匿名内部类通常用于哪些场合？

第6章 多态

6.1 多态的引入

多态，顾名思义，“多种形态”，试想这样一个场景，教师对教室里的所有学生发出了一个命令“回宿舍！“，显然每一个学生接收到的都是一个同样的命令或消息，但是每一个学生产生的行为却是不同的，他们都是回各自的宿舍。显然多态性它具有这样的好处：增强灵活性和可重用性，在这个例子中教师不需要对每一个学生发出不同的消息，所有的学生响应共同的消息。

在面向对象语言中，多态性是继封装性和继承性之后的第三个基本特征，它是指不同的对象接收同样的消息可以产生不同的行为。多态性主要分为编译时多态和运行时多态，编译时多态发生在程序的编译阶段，它主要通过方法的重载来实现，运行时多态发生在程序的运行阶段，它主要通过继承机制和上转型对象来实现。下面分别介绍这两种动态。

6.2 编译时的多态

编译时多态发生在程序的编译阶段，它主要通过方法的重载来实现，在第三章中我们已经接触了方法的重载，所谓方法的重载是指在类中可以定义多个方法，它们的方法名相同，但是方法的类型、方法的参数（参数的个数，对应参数的类型）不同。在调用时，Java 将根据实参个数或实参类型选择最匹配的方法。

6.3 运行时的多态

运行时多态发生在程序的运行阶段，它主要通过继承机制和上转型对象来实现。

6.3.1 上转型对象

众所周知，可以使用一个类创建多个对象，这个类实际上就是这些对象的类型，而且它不是基本数据类型，属于引用类型，通常可以用如下写法创建对象。以类 Student 为例：

```
Student s=new Student( );
```

或

```
Student s;
s=new Student( );
```

其中“Student s;”仅表示创建对象引用，“new Student( );”表示创建对象实体，“s=new Student( );”表示将对象引用指向对象实体。此后就可以用 s 引用其成员变量或调用成员方法。此处无论是创建对象引用还是创建对象实体使用的都是同一个类 Student，s 的类型也是 Student。

在继承中，如果创建一个对象，它的引用是用父类创建的，它的对象实体是用子类创建的，我们把这个对象称为上转型对象，如下所示。

```
class Student extends Person
{
……
}
class Monitor extends Student
{
……
}
```

如果创建对象时使用下面的语句。

```
Student s;
s=new Monitor ( );
```

或

```
Student s=new Monitor ( );
```

此时 s 就是上转型对象，“s=new Monitor ( );”之所以是合法的，是因为 Java 允许将子类看成是特殊的父类，这一点是很容易理解的。反之，我们不能把父类看成是特殊的子类。换句话说，下转型在 Java 中也就是不合法的。如下面的写法显然是错误的。

```
Monitor s=new Student ( );
```

6.3.2 上转型对象调用的方法

上转型对象在调用方法时可能具有多种形态，它可以操作子类继承或重写的方法，但是如果子类重写了父类的某个方法后，对象的上转型对象调用这个方法时，一定是调用了这个重写的方法，如下所示。

```
class M
{void computer(int a,int b)
 {  int c=a*b;
    System.out.print(c);    }
}
public class P extends M
{  public static void main(String args[ ])
  {   M m1=new P( );
      m1.computer(10,10);    }
}
```

m1 显然是上转型对象，它调用的 computer 方法是子类继承的方法。

程序的运行结果如图 6.1 所示。

图 6.1　程序运行结果

将此类进一步改写，如下所示。

```
class M
{void computer(int a,int b)
 {   int c=a*b;
        System.out.print(c);    }
}
public class P extends M
{ void computer(int a,int b)
 { int c=a*b;
  System.out.print("*"+c+"*");    }
public static void main(String args[ ])
  {       Mm1=new P( );
          m1.computer(10,10);    }
}
```

上转型对象 m1 它调用的 computer 方法是子类重写的方法，而不是从父类继承的方法。

程序的运行结果如图 6.2 所示。

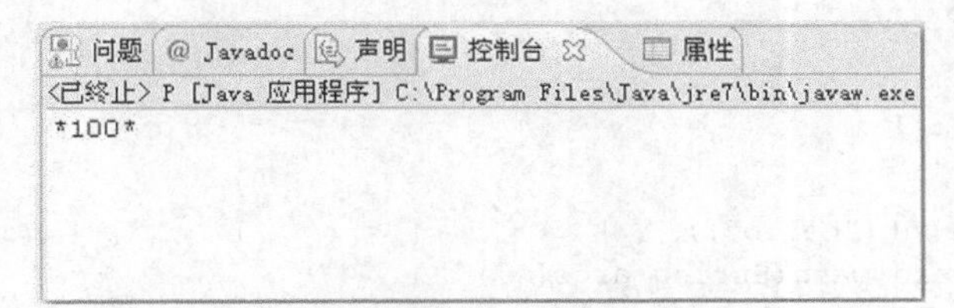

图 6.2　程序运行结果

学习了上转型对象，我们容易知道，如果一个方法的形式参数定义的是父类对象，那么调用这个方法时，可以使用子类对象作为实际参数，如下所示。

```
class TF
{
 void fun( )
 {
  System.out.print("TF");
 }
}

class TS extends TF
{
 void fun( )
 {
  System.out.print("TS");
 }
}
public class Test
{
 void g(TF tf)
 {
  tf.fun( );
 }
 public static void main(String[ ] args)
 {
  Test te=new Test( );
  TS ts=new TS( );
  te.g(ts);
 }
}
```

程序的运行结果如图 6.3 所示。

图 6.3　程序运行结果

需要注意的是，上转型对象它不能调用子类新增的方法，如下所示。

```
class M
{void computer(int a,int b)
 {  int c=a*b;
   System.out.print(c);    }
}
public class P extends M
{ void speak( )
 {
  System.out.print("hello");    }
public static void main(String args[ ])
  {     M m1=new P( );
        m1.speak( );  //这种调用是错误的，不能通过编译!
        P p1=new P( );
        p1.speak( ); //这种调用是可以的。
   }
}
```

程序编译问题如图 6.4 所示。

```
问题 @ Javadoc 声明 控制台 属性
<已终止> P [Java 应用程序] C:\Program Files\Java\jre7\bin\javaw.exe(2014-2-20 下午4:08:39)
Exception in thread "main" java.lang.Error: 无法解析的编译问题:
        没有为类型 M 定义方法 speak()

        at P.main(P.java:12)
```

图 6.4　程序编译问题

上转型对象 m1 调用子类新增的方法 speak( )发生错误，因为上转型对象失去了一些功能。上转型对象也可以用强制类型转换成子类对象的引用。如上例的语句“m1.speak( );”改写成下面形式就能通过编译。

```
(P)m1.speak( );
```

思考：上转型对象能否操作子类重载的方法?

6.3.3　上转型对象引用的成员

和调用方法不同，上转型对象引用成员变量仍然是从父类继承的，如下所示。

```
class M
{  int n=10;
}
class P extends M
```

```
{  int n=100;
 public static void main(String args[ ])
  {
        M m1=new M( );
        System.out.println(m1.n);
        M m2=new P( );
       System.out.println(m2.n);
    }
}
```

此类 m2 是上转型对象，它引用的成员是从父类继承的，虽然子类隐藏了父类继承的成员变量。

程序的运行结果如图 6.5 所示。

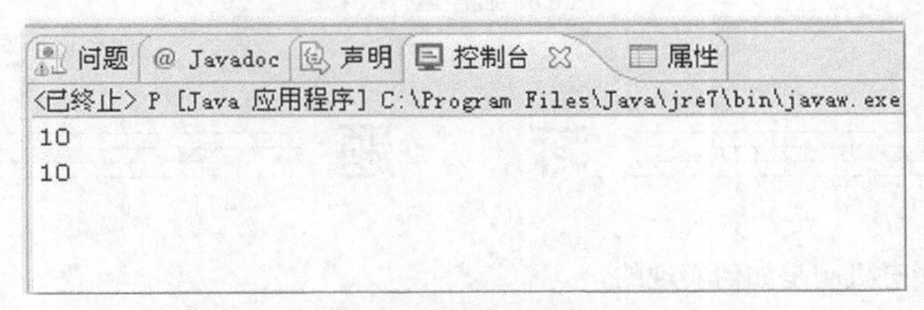

图 6.5　程序运行结果

6.3.4　instanceof

instanceof 是 Java 特有的一个运算符，它主要用来判断在运行时某一个对象是否为某一个类或该类子类的一个实例。返回一个 boolean 类型的值。其格式为：

```
对象引用  instanceof  类
```

如下所示。

```
class TestA
{
}

public class TestB extends TestA
{public static void main(String[ ] args)
   {
   TestA ta=null;
   TestB tb=null;
   System.out.println(ta instanceof TestA); //false
   System.out.println(tb instanceof TestB); //false
   ta=new TestA( );
   tb=new TestB( );
   System.out.println(ta instanceof TestA); //true
   System.out.println(ta instanceof TestB); //false
   System.out.println(tb instanceof TestA); //true
   System.out.println(tb instanceof TestB); //true
   ta=new TestB( );
   System.out.println(ta instanceof TestA); //true
   System.out.println(ta instanceof TestB); //true
   }
}
```

程序的运行结果如图 6.6 所示。

图 6.6　程序运行结果

习　题

1. Java 中多态机制是如何实现的?
2. 编译时多态与运行时多态的区别是?
3. 上转型对象可以调用哪些方法？不可以调用哪些方法?
4. 上转型对象如何转换成子类对象?

第 7 章 语言包

7.1 语言包概述

java.lang 包提供了利用 Java 编程语言进行程序设计的基础类，比如我们在前面已经接触的 System 类、String 类等。java.lang 包中的类由 Java 解释器自动加载，所以使用这个包中的类可以不用使用“import java.lang.*;”语句，直接使用类名即可。下表列举出本书中可能会遇到的该包中的类，如表 7.1 所示，在本章中将主要介绍 Object 类、String 类、StringBuffer 类和包装类的用法。

表 7.1　　　　java.lang 包中常用的类

java.lang 包中的类	说　明
Object	Java 中所有其他类都继承该类
String	字符串相关的类
StringBuffer	字符串相关的类
StringBuildr	字符串相关的类
System	提供标准输入输出及其他方法
Thread	线程相关的类
Math	包含用于执行基本数学运算的方法
Throwable	Java 语言中所有错误或异常的超类
Integer	在对象中包装了一个基本类型 int 的值
Byte	在对象中包装了一个基本类型 byte 的值
Short	在对象中包装了一个基本类型 short 的值
Long	在对象中包装了一个基本类型 long 的值
Float	在对象中包装了一个基本类型 float 的值
Double	在对象中包装了一个基本类 double 的值
Character	在对象中包装了一个基本类型 char 的值

7.2 Object 类

Object 类是 Java 中所有其他类的直接父类或间接父类，在定义一个类时如果没有使用 extends 声明它继承哪一个类，则这个类的直接父类就是 Object 类。Object 类提供了一些成员方法，其他类都继承了这些方法，但是有的类对这些方法进行了重写。

Object 类的常用方法如下。

（1）public boolean equals(Object obj) 用于比较这两个对象是否相等，它比较的是对象的引用，它相当于运算符“==”。

如下所示。

```
class Obj_Equals  //继承了Object类
{int a;
Obj_Equals(int a)
{
 this.a=a;
}
public static void main(String[ ] args){
Obj_Equals o1=new Obj_Equals(3);
Obj_Equals o2=new Obj_Equals(3);
Obj_Equals o3=o1;
System.out.println(o1.equals(o2)); //调用从Object类中继承了equals方法
System.out.println(o1= =o2);
System.out.println(o3.equals(o1)); //调用从Object类中继承了equals方法
System.out.println(o1= =o3);
}
}
```

程序运行结果如图 7.1 所示。

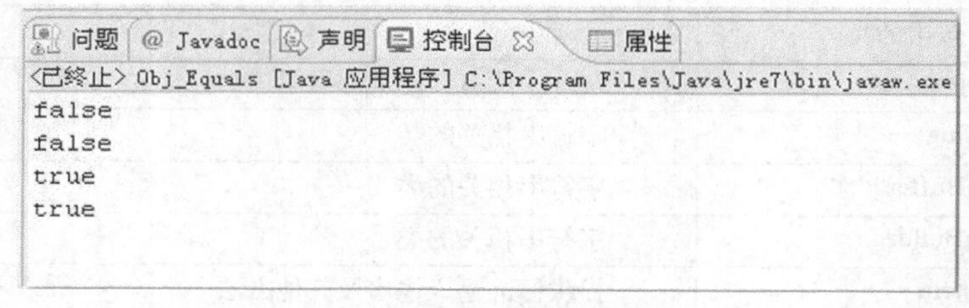

图 7.1　程序运行结果

（2）public String toString( )返回该对象的字符串表示。toString( )方法返回一个字符串，该字符串由类名（对象是该类的一个实例）、at 标记符“@”和此对象哈希码的无符号十六进制表示组成。一般子类都会重写该方法，如下所示。

```
class Obj_toString
{int a;
Obj_toString(int a)
{
 this.a=a;
}
public static void main(String[ ] args){
Obj_toString o1=new Obj_toString(3);
Obj_toString o2=new Obj_toString(3);
System.out.println(o1.toString( ));
System.out.println(o2.toString( ));
}
}
```

程序运行结果如图 7.2 所示。

```
问题 @ Javadoc 声明 控制台 属性
<已终止> Obj_toString [Java 应用程序] C:\Program Files\Java\jre7\bin\javaw.exe
Obj_toString@1f6226
Obj_toString@64ea66
```

图 7.2　程序运行结果

7.3　String 类

Java 中使用 String 类表示字符串，所有的字符串常量都是作为 String 类的实例对象实现的。

7.3.1　创建 String 对象

前面我们通常用下面写法表示一个字符串：

```
String str = "hello";
```

这种写法和基本数据类型的使用相似，但我们知道 String 并不是 Java 的基本数据类型。上面的写法实际上等同于：

```
char s[ ] = {'h', 'e', 'l', 'l', 'o'};
String str = new String(s);
```

常用的构造方法如下。

（1）String( )初始化一个新创建的 String 对象，使其表示一个空字符序列。

（2）String(char[ ] s)使用指定的字符数组创建字符串对象。

（3）String(char[ ] s, int offset, int count)使用指定的字符数组中的部分数据创建字符串对象，offset 表示字符数组的起始位置，count 表示字符串的长度。

7.3.2　操作字符串

String 类提供了大量的成员方法，使用这些方法可以更方便地对字符串进行操作，下面介绍一些常用的方法。

（1）public String concat(String str) 将指定字符串连接到此字符串的结尾。例如，

```
String s1="java";
String s2=s1.concat("程序设计");
```

Concat( )方法不会改变字符串的内容“java”，它会自动创建一个新的对象，其内容是“java 程序设计”。

另外，由于程序中经常使用字符串连接操作，也可以用“+”来连接字符串，如上面的语句也可以写成：

```
String s2=s1+"程序设计";
```

（2）public int length( ) 返回此字符串的长度，即字符串中字符的个数。例如，

```
String str="java 程序设计";
int i=str.length( ); //i 的值是 8
```

（3）public char charAt(int index)获取字符串中指定位置的字符。例如，

```
String str="java 程序设计";
for(int i=4;i<str.length( );i++)
```

```
System.out.println(str.charAt(i)); //输出结果是：程序设计
```

需要注意的是，获取字符串中指定位置的字符不能使用访问数组元素的方法，如最后一条语句写成下面形式是错误的：System.out.println(str[i]);

（4）查找字符串相关方法。

public int indexOf(String str)返回指定子字符串在此字符串中第一次出现处的索引，如果参数不是子串则返回-1。

public int indexOf(String str,int fromIndex)返回指定子字符串在此字符串中第一次出现处的索引，从指定的索引开始，如果参数不是子串则返回-1。

public int lastIndexOf(String str)返回指定子字符串在此字符串中最右边出现处的索引，如果参数不是子串则返回-1。

public int lastIndexOf(String str,int fromIndex)返回指定子字符串在此字符串中最后一次出现处的索引，从指定的索引开始反向搜索，如果参数不是子串则返回-1。

例如，

```
String str="Hello Java,Hello Wrold";
int i1=str.indexOf("Hello");              //i1 值是 0
int i2=str.indexOf("Hello",6);            //i2 值是 11
int i3=str. lastIndexOf ("Hello");        //i3 值是 11
int i4=str. lastIndexOf ("Hello",8);      //i4 值是 0
```

（5）获取子字符串相关方法。

public String substring(int beginIndex)返回一个新的字符串，它是此字符串的一个子字符串。该子字符串从指定索引处的字符开始，直到此字符串末尾。

public String substring(int from,int to)返回一个新字符串，它是此字符串的一个子字符串。该子字符串从指定的 from 处开始，直到索引 to-1 处的字符。因此，该子字符串的长度为 from-to。例如，

```
String str="java 程序设计";
String s1=str.substring(4);    //s1 字符串内容是:程序设计
String s2=str.substring(4,6); //s2 字符串内容是:程序
```

（6）public static String valueOf(char[ ] data)返回 char 数组参数的字符串表示形式。例如，

```
char s[ ] = {'h', 'e', 'l', 'l', 'o'};
String str=String.valueOf(s);
```

（7）public char[ ] toCharArray( ) 将此字符串转换为一个新的字符数组。例如，

```
String str="java 程序设计";
char arr[ ]=str. toCharArray( );
```

（8）public boolean equals(Object anObject)将此字符串与指定的对象进行比较。当且仅当该参数不为 null，并且是与此对象表示相同字符序列的 String 对象时，结果才为 true。

public boolean equalsIgnoreCase(String anotherString)将此 String 与另一个 String 比较，不考虑大小写。如果两个字符串的长度相同，并且其中的相应字符都相等（忽略大小写），则认为这两个字符串是相等的。

```
class Test_Equals
{
public static void main(String[ ] args){
String o1=new String("hello");
String o2=new String("hello");
String o3=o1;
System.out.println(o1.equals(o2));
```

```
System.out.println(o1= =o2);
System.out.println(o3.equals(o1));
System.out.println(o3= =o1);
}
}
```

程序运行结果如图 7.3 所示。

```
问题  @ Javadoc  声明  控制台 ☒  属性
<已终止> Test_Equals [Java 应用程序] C:\Program Files\Java\jre7\bin\javaw.exe
true
false
true
true
```

图 7.3　程序运行结果

需要注意的是"= ="运算符比较的是字符串对象的引用而不是字符串内容。

7.4　StringBuffer 类

使用 String 类创建的字符串，其特点是字符串内容不可以改变，即使调用 String 类的一些方法修改了字符串的内容也是一样的，实际上每次都创建了一个全新的 String 对象。所以在需要频繁修改字符串内容的情况下，使用 String 类的效率是很低的。

创建 StringBuffer 对象的构造方法如下。

（1）public StringBuffer( )构造一个没有字符的 StringBuffer 对象，其初始容量为 16 个字符。

（2）public StringBuffer(int capacity) 构造一个没有字符的 StringBuffer 对象，其初始容量为 capacity 个字符。

（3）public StringBuffer(String str)构造一个 StringBuffer 对象，参数 str 是其初始字符串，其初始容量为 str 的长度加 16。

StringBuffer 类也提供了很多成员方法来操作字符串，它的很多方法和 String 类的方法相同或相似，在这里主要介绍以下几种方法。

（1）public StringBuffer append(String str)将指定的字符串追加到此字符序列。该方法和 String 类的 concat 方法功能是相同的，不同的是 StringBuffer 对象第次调用此方法后不会创建新的对象。另外，该方法还具有多种重载形式。

（2）public String toString( )获取 StringBuffer 对象对应的 String 对象，它们的字符串内容相同。

（3）public int capacity( )返回当前容量。容量指可用于最新插入的字符的存储量，超过这一容量就需要再次进行分配。

通过下例来比较 StringBuffer 和 String 这两个类的运行效率。

```
class TestStringBuffer
{
public static void main(String[ ] args) {
String s = "";
long c1 = System.currentTimeMillis( );// 获得当前时间
for (int i = 1; i <=5000; i++) {
s = s + i;
}
```

```
long c2 = System.currentTimeMillis( );
System.out.println("使用String类的时间: " + (c2-c1) + "毫秒");

c1 = System.currentTimeMillis( );// 获得当前时间
StringBuffer sf = new StringBuffer( );// 创建StringBuffer类型对象
for (int i =1; i <=5000; i++) {
sf.append(i);
}
c2 = System.currentTimeMillis( );
System.out.println("使用StringBuffer类的时间: " + (c2-c1) + "毫秒");
}
}
```

程序运行结果如图 7.4 所示。

```
问题 @ Javadoc 声明 控制台 属性
<已终止> TestStringBuffer [Java 应用程序] C:\Program Files\Java\jre7\bin\javaw.exe
使用String类的时间: 62毫秒
使用StringBuffer类的时间: 0毫秒
```

图 7.4　程序运行结果

Java 还提供了另外一个类 StringBuilder 来表示可变字符串，它的构造方法和成员方法很多与 StringBuffer 类是相同的。StringBuffer 类常用于多线程编程，而且是安全的。StringBuilder 用于多线程编程是不安全的。

7.5　包装类

Java 的数据类型可以分为基本类型和引用类型，对于基本类型如 int，float，char，boolean 等，这些数据类型操作起来非常方便，但是它们不具有面向对象的特性，无法扩展自身的功能。为此，Java 提供了将基本数据类型数据包装成对象的包装类。每一种类型的包装类都提供了一些属性和方法，可以用来操作它所包装的基本类型数据。

7.5.1　包装类的构造方法

可以使用包装类的构造方法来创建包装类对象，除此之外，其余的包装类都具有两个构造方法，其中一个参数是对应的基本数据类型，另一个参数是字符串（应该是表示数据的字符串，否则会发生异常）。包装类 Character 的构造方法的参数是字符类型。如，

public Integer(int value) 它表示用指定的 value 值创建一个 Integer 对象。

public Integer(String s) 它表示用指定的字符串创建一个 Integer 对象。

public Character(char value) 它表示用指定的 value 值创建一个 Character 对象。

7.5.2　包装类的成员方法

包装类封装了一个相应的基本数据类型数值，并为其提供了一系列操作，这些操作都是通过成员方法来实现的，不同包装类提供的成员方法都是相同或相似的，下面仅以 Integer 为例介绍其

成员方法。

（1）public int intValue( )返回该对象封装的基本型数据。例如，

```
Integer i1=new Integer("123");
int j=i1.intValue( );
```

对于其他包装类也有类似的方法，如 Byte、Short、Long 和 Character 等包装类可用其对象分别调用 byteValue ( )、shortValue ( )、longValue ( )和 charValue ( )方法返回该对象封装的基本型数据。

（2）public static Integer valueOf(int i)它表示用指定的 i 值创建一个 Integer 对象。例如，

```
int i=123;
Integer in=Integer.valueOf(i);
```

对于其他包装类也有同样的方法，该方法是 static 类型的，可以直接使用类名引用。

（3）public String toString( )返回一个表示该 Integer 值的 String 对象。例如，

```
Integer i1=new Integer("123");
String str=i1.toString( );
```

对于其他包装类也有该方法，并且该方法还具有重载形式。

（4）public static int parseInt(String s)将字符串转换成 int 类型，如果字符串包含不可解析的整数，调用该方法会发生异常。例如，

```
int k=Integer.parseInt("123");
```

对于其他包装类（除 Character 外）也有类似的方法，如 Byte、Float、Double 对象分别调用 parseByte( )、parseFloat ( )、parseDouble( )方法可以返回该对象封装的基本型数据。

（5）public boolean equals(Object obj)比较此对象与指定对象，比较的不是对象的引用，而是对象的实体。例如，

```
Integer o1=new Integer(3);
Integer o2=new Integer("3");
System.out.println(o1.equals(o2)); //true
```

习　题

1. String 类与 StringBuffer 类创建的字符串有何区别？
2. String 类与 StringBuffer 类创建的字符串对象如何进行相互转化？
3. 字符串与字符数组如何进行相互转化？
4. 什么是包装类？它的作用是什么？
5. 如何获取包装类所封装的基本数据类型数据？
6. String 类及包装类中的 equals 方法与 Object 类的 equals 方法有何不同？

第8章 异常处理机制

8.1 异常的引入

从本章开始学习 Java 的异常处理机制，在介绍异常处理机制之前，我们先来看下面的一个引例。

```
public class TestException
{
 public static void main(String[ ] args)
 {
  int[ ] a = new int[5];
  for(int i=0;i<=5;i++)
  a[i]= i;
  for(int i:a )
  System.out.println(i);
 }
}
```

在这个例子中，很容易可以发现，对于数据元素的引用出现下标越界，此处下标的合法取值应该是 0～4，但是我们在命令行试着编译该程序，却通过了编译，如图 8.1 所示。

```
D:\book\ch8>javac TestException.java

D:\book\ch8>
```

图 8.1　程序编译

接着试着再运行，出现了“Exception in thread "main"”异常，如图 8.2 所示。

```
D:\book\ch8>javac TestException.java

D:\book\ch8>java TestException
Exception in thread "main" java.lang.ArrayIndexOutOfBoundsException: 10
        at TestException.main(TestException.java:7)

D:\book\ch8>
```

图 8.2　程序运行

以前在调试 Java 程序时，通常程序有错误在编译阶段就可以发现，显然发现错误的理想时机是在编译阶段。但是，并不是所有的错误在编译阶段都能够发现，还有一些错误在运行阶段才会被发现，上面的例子就是这种情况。那么对于程序运行中的错误，应该如何进行处理?

任何一种计算机语言设计的程序运行时都会出现各种各样的错误，同时，这些语言也会提供一些错误处理的方法，如由计算机系统直接检测程序错误，遇到错误即终止程序的执行，这种处理方法过于简单化，或者由程序员在一开始设计程序时就考虑错误检测及相关处理，它可以减少程序运行中终止程序运行的可能性。

Java 提供了异常处理机制，使用异常处理，它能够使得程序不会立即在发生错误的地方终止。

8.2　异常类的继承关系

Java 是面向对象的语言，显然它的异常处理机制也是面向对象的，程序在运行中一旦发生错误，系统会自动生成一个异常对象，通过前面的介绍，我们已经知道每一个对象也都是属于一定类型的，异常对象的类型即异常类。

JDK 中给我们提供了很多的异常类，每一种异常类都对应一种特殊的错误，这些异常类实际上都直接或间接继承了 Throwable 类，此类在 java.lang 包中。Throwable 类有两个直接子类 Error 和 Exception。

Error 类通常定义的是一些严重的错误，如虚拟机错误、动态链接错误等，这类错误与程序本身无关，通常由系统进行处理，应用程序不需要也不应该对这类错误进行处理。

Throwable 的另外一个子类是 Exception 类，这个类是供应用程序使用的。一般所说的异常，都是指 Exception 类及其子类。Exception 的每一个子类代表一种特定的运行错误。Exception 常见子类（直接子类或间接子类），如表 8.1 所示。

表 8.1　常见异常类型

类　名	说　明
ArrayIndexOutOfBoundsException	数组下标越界
ClassNotFoundException	没有找到欲装载使用的类
ArithmeticException	算术运算异常，如除数为 0
IOException	输入/输出异常
NullPointerException	试图引用空对象
FileNotFoundException	没有找到指定的文件或目录
InterruptedException	线程在睡眠、等待或因其他原因暂停时被其他线程打断

Exception 类常用方法如下。

（1）public String getMessage( )用来得到有关异常事件的信息。

（2）public void printStackTrace( )用来跟踪异常发生时执行堆栈的内容。

（3）public String toString( )返回异常的简短描述，通常会包括异常类名和异常原因。

8.3　try、catch、finally

程序在运行中一旦发生错误，系统会自动生成一个异常对象，这个对象封装了和这个异常相关的信息并且会被提交给 Java 运行时系统，这个过程称为抛出异常。

当 Java 运行时系统接收到抛出的异常对象时，会寻找能处理这一异常的代码并把该异常对象交给其处理，这一过程称为捕获异常。

Java 的异常处理机制使用 try、catch、finally 来处理异常，其结构如下。

```
try{
......
  }
catch(异常类 参数名){
......
  }
......
catch(异常类 参数名){
......
  }
finally{
......
}
```

关于 try.catch.finally 结构，有以下几点说明。

（1）try 语句块中的语句是可能发生异常的语句，或者说是需要监控的语句。如果执行到该语句块中的某条语句发生异常，则立即停止该语句块的执行，流程会根据发生异常的类型转到相应的 catch 语句块。

（2）try 语句块后可以有多个 catch 语句块，每一个 catch 语句块声明其能处理的异常类型并提供了处理的方法。如果执行 try 语句块中的语句没有发生异常，显然所有 catch 语句块也不会被执行。

（3）"catch(异常类 参数名)"中的参数用来接收抛出异常对象的引用，通过该引用可以获取与抛出异常相关的信息。所以，只有当抛出的异常类型和"catch(异常类 参数名)"中异常类类型相同或者是其子类时该 catch 语句块才会被执行。

（4）由于异常对象与 catch 块的匹配是按照 catch 语句块的先后排列顺序进行的，有多个 catch 语句块时，最多只会执行其中一个，所以在处理多异常时应注意各 catch 语句块的排列顺序，如果处理的异常存在继承关系，应该先处理子类异常后处理父类异常，否则不能编译通过。

（5）finally 代码块无论是否发生异常都会被执行，它为异常处理提供了一个统一的出口。所以，在语句块中可以进行资源的清除工作，如关闭打开的文件或删除临时文件等。

如下所示。

```
class TestException2
{
 public static void main(String[ ] args)
 {
  int a,b;
  try
  {
   a=Integer.parseInt("2");
   b=0;
   a/=b;       //发生异常，自动抛出异常对象，下面两条语句不会被执行
   System.out.println(a);
   System.out.println(b);
  }
  catch(NumberFormatException en )
  {System.out.println("NumberFormatException:"+en.getMessage( )); }
//发生的异常是 ArithmeticException 类型，所以执行该语句块，其他 catch 语句块不会被执行
  catch(ArithmeticException ea)
```

```
  {System.out.println("ArithmeticException:"+ea.getMessage( )); }
  catch(IndexOutOfBoundsException eb )
  {System.out.println("IndexOutOfBoundsException:"+eb.getMessage( )); }
  catch(Exception e)
  {System.out.println("Exception:"+e.getMessage( )); }
  finally // 最终执行
  {System.out.println("程序结束! ");}
  }
}
```

程序运行结果如图 8.3 所示。

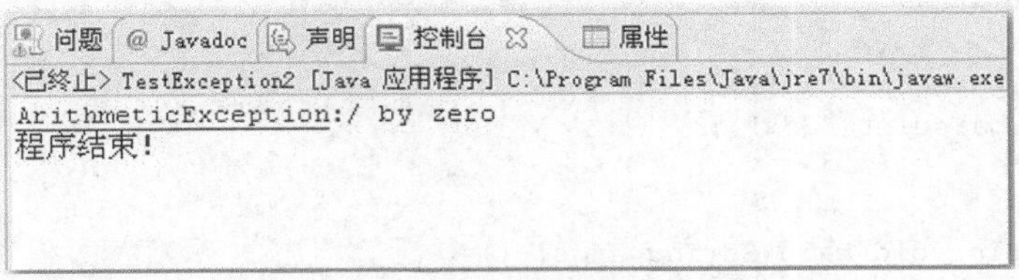

问题 @ Javadoc 声明 控制台 属性
<已终止> TestException2 [Java 应用程序] C:\Program Files\Java\jre7\bin\javaw.exe
ArithmeticException:/ by zero
程序结束!

图 8.3　程序运行结果

如果改变 catch 的顺序，如下所示。

```
class TestException3
{
 public static void main(String[ ] args)
 {
  int a,b;
  try
  {
   a=Integer.parseInt("2");
   b=0;
   a/=b;
   System.out.println(a);
   System.out.println(b);
  }
  catch(Exception e)    //父类异常在前面，子类异常在后面，发生编译错误!
  {System.out.println("Exception:"+e.getMessage( )); }
  catch(NumberFormatException en )
  {System.out.println("NumberFormatException:"+en.getMessage( )); }
  catch(ArithmeticException ea )
  {System.out.println("ArithmeticException:"+ea.getMessage( )); }
  catch(IndexOutOfBoundsException eb )
  {System.out.println("IndexOutOfBoundsException:"+eb.getMessage( )); }
  finally
  {System.out.println("程序结束! ");}
  }
}
```

编译会发生错误，如图 8.4 所示。

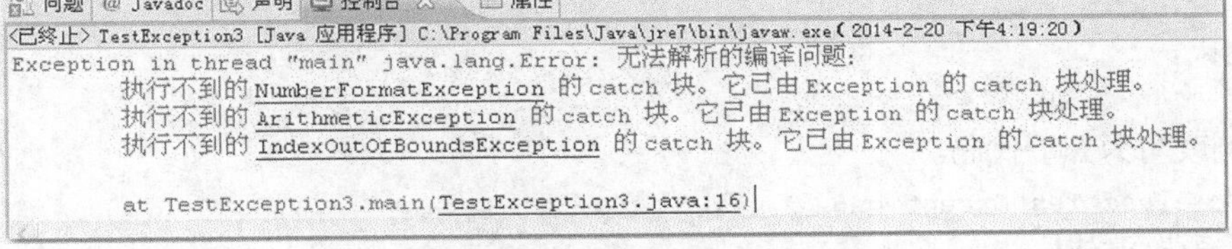

问题 @ Javadoc 声明 控制台 属性
<已终止> TestException3 [Java 应用程序] C:\Program Files\Java\jre7\bin\javaw.exe（2014-2-20 下午4:19:20）
Exception in thread "main" java.lang.Error: 无法解析的编译问题:
　　执行不到的 NumberFormatException 的 catch 块。它已由 Exception 的 catch 块处理。
　　执行不到的 ArithmeticException 的 catch 块。它已由 Exception 的 catch 块处理。
　　执行不到的 IndexOutOfBoundsException 的 catch 块。它已由 Exception 的 catch 块处理。

　　at TestException3.main(TestException3.java:16)

图 8.4　程序编译问题

8.4 异常的声明

我们知道，对象的操作都是封装在方法中的，如果一个方法可能抛出异常，可以在方法中对其处理，如下所示。

```
public class TestException4
{ int a,b,c=10;
  public void f( )
  {
   b=Integer.parseInt("15");
   a=Integer.parseInt("35x");
   c=20;
  }
  public static void main(String args[ ])
   {TestException4 te=new TestException4( );
    try{
    te.f( );}
    catch(NumberFormatException e)
    {System.out.println("发生异常:"+e.getMessage( ));
     e.printStackTrace( );
     te.a=123;
    }
    System.out.println("a="+te.a+",b="+te.b+",c="+te.c);
    }
}
```

程序运行结果如图 8.5 所示。

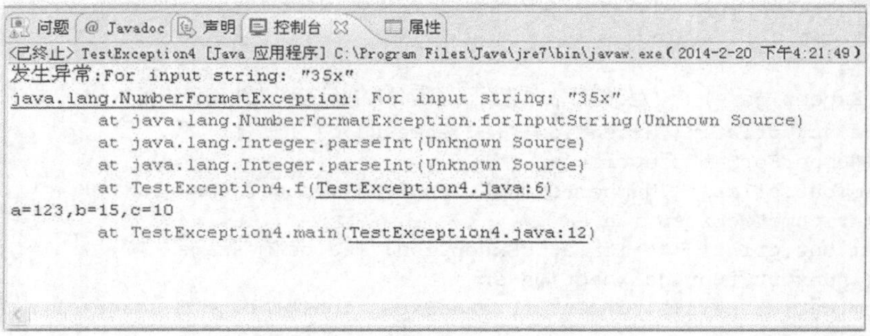

```
问题 @ Javadoc 声明 控制台 属性
<已终止> TestException4 [Java 应用程序] C:\Program Files\Java\jre7\bin\javaw.exe(2014-2-20 下午4:21:49)
发生异常:For input string: "35x"
java.lang.NumberFormatException: For input string: "35x"
	at java.lang.NumberFormatException.forInputString(Unknown Source)
	at java.lang.Integer.parseInt(Unknown Source)
	at java.lang.Integer.parseInt(Unknown Source)
	at TestException4.f(TestException4.java:6)
a=123,b=15,c=10
	at TestException4.main(TestException4.java:12)
```

图 8.5 程序运行结果

同时，对于一个可能抛出异常的方法，也可以由调用该方法的方法进行处理，它的格式就是在方法的声明后面加上 throws 异常类名，如果是多个异常类，用逗号隔开，如下所示。

```
修饰符 方法类型 方法名(参数类型 参数名……) throws 异常类1,……异常类n
{
//方法体
}
```

对上例改写为如下代码。

```
public class TestException5
{ int a,b,c=10;
```

```
//下面声明该方法可能抛出异常，方法体中对异常未处理，由调用该方法的方法进行处理
  public void f( ) throws NumberFormatException
  {
   b=Integer.parseInt("15");
   a=Integer.parseInt("35x");
   c=20;
  }
  public static void main(String args[ ])
   {TestException5 te=new TestException5( );
    try{
    te.f( );}  //调用 f( )方法
    catch(NumberFormatException e)
    {System.out.println("发生异常:"+e.getMessage( ));
     e.printStackTrace( );
     te.a=123;
    }
    System.out.println("a="+te.a+",b="+te.b+",c="+te.c);
    }
}
```

程序运行结果如图 8.6 所示。

```
问题 @ Javadoc 声明 控制台 属性
<已终止> TestException5 [Java 应用程序] C:\Program Files\Java\jre7\bin\javaw.exe (2014-2-20 下午4:23:03)
发生异常:For input string: "35x"
java.lang.NumberFormatException: For input string: "35x"
	at java.lang.NumberFormatException.forInputString(Unknown Source)
	at java.lang.Integer.parseInt(Unknown Source)
	at java.lang.Integer.parseInt(Unknown Source)
	at TestException5.f(TestException5.java:7)
	at TestException5.main(TestException5.java:13)
a=123,b=15,c=10
```

图 8.6　程序运行结果

需要注意的是，异常的抛出可以是自动抛出或强制抛出，前面我们遇到的异常如 ArithmeticException、NumberFormatException 等都是自动抛出，这种情况下也可以省略异常的声明，如上例中的“public void f( ) throws NumberFormatException”可以写成“public void f( ) ”，但是对于强制抛出的异常则不能省略异常的声明。

如果方法可能发生异常，但是既没有在方法中对异常进行处理，也没有在调用方法时对其进行处理，则该程序可能不能运行，如对上例的改写如下。

```
public class TestException6
{ int a,b,c=10;
  public void f( )
  {
   b=Integer.parseInt("15");
   a=Integer.parseInt("35x");
   c=20;
  }
  public static void main(String args[ ])
   {TestException6 te=new TestException6( );
    te.f( );
    System.out.println("a="+te.a+",b="+te.b+",c="+te.c);
    }
}
```

程序编译发生问题，如图 8.7 所示。

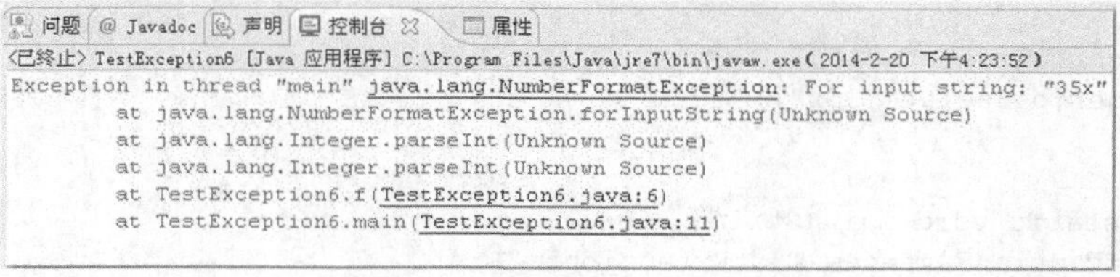

```
问题 @ Javadoc 声明 控制台 ⊠ 属性
<已终止> TestException6 [Java 应用程序] C:\Program Files\Java\jre7\bin\javaw.exe（2014-2-20 下午4:23:52）
Exception in thread "main" java.lang.NumberFormatException: For input string: "35x"
        at java.lang.NumberFormatException.forInputString(Unknown Source)
        at java.lang.Integer.parseInt(Unknown Source)
        at java.lang.Integer.parseInt(Unknown Source)
        at TestException6.f(TestException6.java:6)
        at TestException6.main(TestException6.java:11)
```

图 8.7　程序编译问题

8.5　throw 异常

一般当异常发生时会自动生成一个异常对象并自动抛出该异常，有时候我们也可以定义一个异常类对象，然后强制抛出，它的语法格式如下。

```
异常类 对象=new 异常类(参数……);
throw  对象:
```

或者直接使用:

```
throw  new 异常类(参数……);
```

throw 异常通常用于自定义异常中，JDK 提供了一些常用的异常，有时还需要自定义异常类来处理特殊的情况。对于自定义异常对象只能使用 throw 强制抛出。

自定义异常的一般步骤如下。

（1）定义一个类使得它继承一个异常类（通常是 Exception），定义的类称为自定义异常类。

（2）对于可能发生该自定义异常的方法使用 throws 声明。

（3）在需要抛出异常时，用自定义异常类创建对象，再用 throw 强制抛出。

如下所示。

```
class MyException extends Exception //自定义异常类
{
 public MyException(String str)
 {
  super(str);
 }
}

public class TestException7
{

 public double getArea(double r) throws MyException //声明方法的异常
 {
  if(r<0)
  {
  MyException me=new MyException("半径不合法！");//创建异常对象
  throw me; //抛出异常
  }
  return 3.14*r*r;
 }
 public static void main(String[ ] args)
 {
```

```
    TestException7 te=new TestException7( );
    try{
    System.out.println("半径是:"+te.getArea(10));
    }
    catch(MyException e)
    {
     System.out.println(e.getMessage( ));
    }
    try{
    System.out.println("半径是:"+te.getArea(.5));
    }
    catch(MyException e)
    {
     System.out.println(e.getMessage( ));
    }
  }
}
```

程序运行结果如图 8.8 所示。

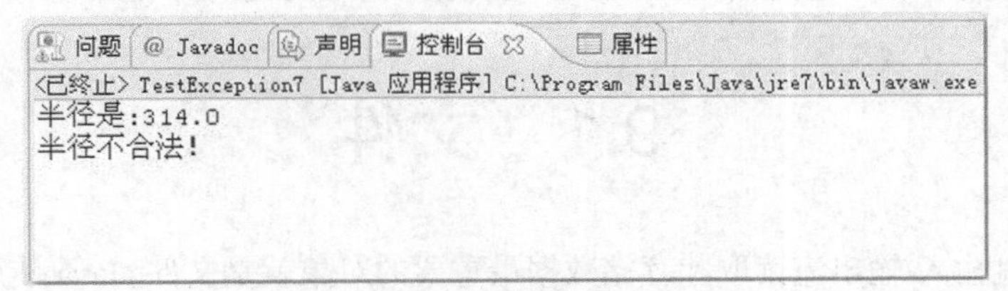

图 8.8　程序运行结果

习　题

1. 简述 Java 的异常处理机制。

2. Error 与 Exception 有何区别?

3. JDK 中提供的异常类与用户定义的异常类有何不同?如何使用这两类异常?

4. throw 与 throws 的区别是什么?

5. 自定义一个异常类 MyException,定义一个 Test 类,在 Test 类中定义一个方法 f( )求两个数相除的结果。在调用这个方法时,两个数的范围在 1～50,否则抛出自定义的异常,显示"数据超出范围"。

第 9 章 输入/输出流

我们平时在程序中定义的变量、数组等都是存储在内存中的。有时，不仅仅要使用内存中的这些数据，还有可能使用存储在其他位置的数据，如本地的文件、网络上的文件又或者其他位置的数据源。

Java 程序使用 I/O 流来和外界进行信息交互。程序通过输出流将数据写到某个地方，这个地方我们称之为目的地，程序通过输入流从某个地方把数据读取过来，这个地方称为源。

9.1 文件

Java 程序通过输入/输出流读取和存储数据最重要的对象就是文件。Java 使用 File 类来描述文件，这个类定义在 java.io 包下，后面的输入/输出流也在这个包中。

9.1.1 文件

File 类有 3 个构造方法，可以用它们来创建文件对象或者目录。

```
File(String filename)
File(String path,String filename)
File(File f,String filename)
```

当我们创建一个文件对象后，可以使用文件对象调用下面方法获取该文件对象的一些属性。

1. boolean isDirectory( )

测试此抽象路径名表示的文件是否是一个目录。

2. boolean isFile( )

测试此抽象路径名表示的文件是否是一个标准文件。

3. boolean canRead( )

测试应用程序是否可以读取此抽象路径名表示的文件。

4. boolean canWrite( )

测试应用程序是否可以修改此抽象路径名表示的文件。

5. boolean isHidden( )

测试此抽象路径名指定的文件是否是一个隐藏文件。

6. boolean exists( )

测试此抽象路径名表示的文件或目录是否存在。

7. long lastModified( )

返回此抽象路径名表示的文件最后一次被修改的时间。

8. long length( )

返回由此抽象路径名表示的文件的长度。

9. String getParent( )

返回此抽象路径名父目录的路径名字符串；如果此路径名没有指定父目录，则返回 null。

10. File getParentFile( )

返回此抽象路径名父目录的抽象路径名；如果此路径名没有指定父目录，则返回 null。

11. String toString( )

返回此抽象路径名的路径名字符串。

9.1.2 目录

当我们所创建的一个 File 类对象表示一个目录时，可以使用下面两个方法获取此目录下面的所有文件。

1. pulic String[ ] list( )

用字符串形式返回目录下的所有文件。

2. public File[ ] listFiles( )

用 File 对象形式返回目录下的所有文件。

【例 9-1】 分别列出 D 盘 ch09 目录下所有的文件和目录，并统计数目。

```
import java.io.File;
public class Ex9_1 {
   public static void main(String[ ] args){
      File d=new File("d:\\ch09");
      File list[ ]=d.listFiles( );
      int fcount=0,dcount=0;//文件和目录计数器
      System.out.println(d.toString( )+ "目录下的文件：");
      for(int i=0;i<list.length;i++){
          if(list[i].isFile( )){
           System.out.println(list[i].getName( ));
           fcount++;
        }
      }
      System.out.println(d.toString( ) + "目录下的目录：");
      for(int i=0;i<list.length;i++){
         if(list[i].isDirectory( )) {
             System.out.println(list[i].getName( ));
             dcount++;
         }
       }
       System.out.println(d.toString( )+"目录下的文件总数为"+fcount);
       System.out.println(d.toString( )+"目录下的文件总数为"+dcount);
   }
}
```

9.1.3 文件的创建和删除

当我们用 File 类创建一个文件对象指向某个文件时，如果这个文件不存在，可以使用 createNewFile( )创建这个文件，例如，

```
File f=new File("d:\\ch09","a.txt");
if(!f.exists( )){
```

```
    f.createNewFile( );
}
```

当然，也可以使用 delete( )删除文件对象，如果描述的对象是个目录，可以稍作变化。

```
File f=new File("d:\\ch09");   //创建一个目录对象
if(!f.exists( )){
   f.mkdir( );                 //创建目录
}
else{
   f.delete( );                //删除目录
}
```

但是，关于文件操作语句执行时有可能异常，所以一般放在 try/catch 语句中处理。

【例 9-2】D 盘 ch09 目录下如果没有 a.txt 文件则创建，否则删除。

```
import java.io.File;
import java.io.IOException;
public class Ex9_2 {
 public static void main(String[ ] args){
     File f=new File("d:\\ch09","a.txt");
     if(!f.exists( )){
     try {
       f.createNewFile( );
       System.out.print(f.toString( )+"被创建");
     } catch  (IOException e) {
          e.printStackTrace( );
        }
     }//if
    else {
        f.delete( );//删除目录
        System.out.print(f.toString( )+"被删除");
     }
   }
}
```

9.2 文件字节输入/输出流和字符输入/输出流

9.2.1 文件字节输入流

FileInputStream 类就是字节输入流，操作的单位的基本单位是字节。

下面，我们先来学习该类的几个方法。

1. FileInputStream(String name)

构造方法，参数为文件名字符串。

2. FileInputStream(File name)

构造方法，参数为文件对象。

3. int read( )

文件对象调用此方法，顺序读取文件中一个字节的内容，如果读到文件末尾，返回-1。

4. int read(byte b[ ])

文件对象调用此方法，顺序读取 b.length 个字节存储在数组 b 中，返回值为实际读取的字节个数，如果读到文件末尾，返回-1。

5. int read(byte b[ ],int off,int len)

参数 len 为此方法读取文件中字节的长度，off 为读取过来的内容存放在数组 b 中的起始位置，其他与上同。

需要注意的是，在创建文件输入/输出流对象时，应该放在一个 try/catch 语句中，可能的异常是 IOException。另外，Java 程序在运行完毕后会自动关闭对应的输入/输出流通道，但是我们应该养成在输入/输出流使用完后，随手关闭的好习惯，否则会造成资源的浪费或者影响到其他线程对于流和文件的使用。

9.2.2　文件字节输出流

字节输出流对应的类是 FileOutputStream，该类操作的基本单位是字节，可以用来向文件中写入数据。下面，我们仍然来学习该类的几个方法。

1. FileOutputStream (String name)

构造方法，参数为文件名字符串，如果指定的文件不存在，则创建此文件；如果指定的文件已经存在，则刷新文件内容。

2. FileOutputStream (File name)

构造方法，参数为文件对象。

3. FileOutputStream (String name，boolean append)

构造方法，参数为文件名字符串，append 为 true 时，在文件末尾追加内容，否则刷新指定文件内容。

4. FileOutputStream (File name, boolean append)

构造方法，参数为文件对象。

5. void write(byte b[ ])

将字节数组 b 写入到文件中去。

6. void write(byte b[ ],int off,int len)

将字节数组 b 中从下标 off 处开始，取长度 len 个元素写入文件。

【例 9-3】将一个数组内容写入文件后再读取回来输出。

```
import java.io.File;
import java.io.FileInputStream;
import java.io.FileNotFoundException;
import java.io.FileOutputStream;
import java.io.IOException;
public class Ex9_3 {
 public static void main(String[ ] args) throws IOException{
    File f=new File("d:\\ch09","a.txt");
    byte[ ] b="chaohuxueyuan欢迎您！".getBytes( );
    try {
        FileOutputStream out=new FileOutputStream(f);
        FileInputStream in=new FileInputStream(f);
        out.write(b);
        out.close( );
        int i=0;
        while((i=in.read(b,0,2))!=-1){
           System.out.print(new String(b,0,i));
        }
```

```
        }
        catch (FileNotFoundException e) {
            e.printStackTrace( );
        }
    }
}
```

这个程序字符串写到 a.txt 中是没有数目问题的，但是读取回来显示的时候会和我们想象的不一样，想一想为什么？

9.2.3 文件字符输入流

FileReader 类就是字符输入流，操作的基本单位是字符。由于现实使用中，很多操作的基本单位是字符，Java 采用 Unicode 编码，汉字也可以用一个字符表示，如果采用字符输入流，则上面的例子中也不会出现乱码的情况了。下面是此类的一些方法。

1. FilReader(String name)

构造方法，参数为文件名字符串。

2. FileReader(File name)

构造方法，参数为文件对象。

3. int read( )

文件对象调用此方法，顺序读取文件中一个字符的内容，如果读到文件末尾，返回-1。

4. int read(char b[ ])

文件对象调用此方法，顺序读取 b.length 个字符存储在数组 b 中，返回值为实际读取的字符个数，如果读到文件末尾，返回-1。

5. int read(char b[ ],int off,int len)

参数 len 为此方法读取文件中字符的长度，off 为读取过来的内容存放在数组 b 中的起始位置，其他同上。

9.2.4 文件字节输出流

FileOutputStream 类就是字节输出流，操作的基本单位是字符，下面是该类的一些常用方法。

1. FileWriter (String name)

构造方法，参数为文件名字符串，如果指定的文件不存在，则创建此文件；如果指定的文件已经存在，则刷新文件内容为空。

2. FileWriter (File name)

构造方法，参数为文件对象。

3. FileWriter (String name，boolean append)

构造方法，参数为文件名字符串，append 为 true 时，在文件末尾追加内容，否则刷新指定文件内容。

4. FileWriter (File name, boolean append)

构造方法，参数为文件对象。

5. void write(char b[ ])

将字符数组 b 写入到文件中去。

6. void write(char b[ ],int off,int len)

将字符数组 b 中从下标 off 处开始，取长度 len 个元素写入文件。

7. void write(String s)

将字符串写入到文件中去。

8. void write(String s,int off,int len)

将字符串中从 off 位置处开始，取长度 len 个字符写入文件。

【例 9-4】 将【例 9-3】稍作修改，读取回来的内容将不再有乱码。

```
import java.io.File;
import java.io.FileNotFoundException;
import java.io.FileReader;
import java.io.FileWriter;
import java.io.IOException;
public class Ex9_4 {
  public static void main(String[ ] args) throws IOException{
      File f=new File("d:\\ch09","a.txt");
      char[ ] b="chaohuxueyuan欢迎您！".toCharArray( );
      try {
         FileWriter out=new FileWriter(f);
         FileReader in=new FileReader(f);
         out.write(b);
         out.close( );
         int i=0;
         while((i=in.read(b,0,1))!=-1){
             System.out.print(new String(b,0,i));
         }
      }
      catch (FileNotFoundException e) {
          e.printStackTrace( );
      }
  }
}
```

9.3　缓冲输入/输出流

缓存是 I/O 的一种性能优化。缓冲输入/输出流为缓存中数据的读写提供通道，同时，缓存中操作数据的方法和手段更加丰富。缓冲输入/输出流又分字节和字符输入/输出流，下面讲解以字符输入/输出流为例。

9.3.1　缓冲输入流

BufferedReader 类用来描述字节缓冲输入流，常用方法如下。

1. BufferedReader(FileReader in)

构造方法，参数为一个底层的输入流对象。

2. int read( )

读取单个字符。

3. String readLine( )

读取一行字符串。

如果我们创建一个 BufferedReader 类对象，应该按如下方法来写。

```
FileReader in=new FileReader("d:\\ch09");
BufferedReader inTwo=new BufferedReader(in);
```

9.3.2 缓冲输出流

BufferedWriter 类用来描述字节缓冲输入流，常用方法如下。

1. BufferedWriter(FileWriter out)

构造方法，参数为一个底层的输出流对象。

2. void write(String s,int off,int len)

将字符串的一部分写到文件中去。

3. void flush( )

刷新该流的缓存。

4. void newline( )

写入一个行分隔符。

在使用 write( )方法时，数据不是立刻写入到输出流，而是先写入到缓存中，如果希望数据立刻写到输出流，应该调用 flush( )方法。

【例 9-5】 按行读取 a.txt 内容，然后在每行前加行号写入到 b.txt 中去。

```
import java.io.BufferedReader;
import java.io.BufferedWriter;
import java.io.File;
import java.io.FileNotFoundException;
import java.io.FileReader;
import java.io.FileWriter;
import java.io.IOException;
public class Ex9_5 {
 public static void main(String[ ] args) throws IOException{
     File f=new File("d:\\ch09","b.txt");
     File f2=new File("d:\\ch09","a.txt");
     try {
         FileWriter out=new FileWriter(f);
         BufferedWriter outTwo=new BufferedWriter(out);
         FileReader in=new FileReader(f2);
         BufferedReader inTwo=new BufferedReader(in);
         String s=null;
         int i=0;
         while((s=inTwo.readLine( ))!=null){
            i++;
            outTwo.write(i+" "+s);
            outTwo.newLine( );
         }
          outTwo.flush( );
         outTwo.close( );
         out.close( );
         inTwo.close( );
         in.close( );
     }
     catch (FileNotFoundException e) {
         e.printStackTrace( );
     }
  }
}
```

9.4 数据输入/输出流

数据输入/输出流即 DataInputStream 类和 DataOutputStream 类，它允许程序按照与机器无关的风格读取 Java 基本数据类型，这样当读取一个数值时，就不必关心这个数值应该是多少字节，常用方法如下。

1. DataInputStream(InputSteam in)

构造方法，参数为一个底层的输入流对象。

2. DataOutputStream(OutputSteam in)

构造方法，参数为一个底层的输出流对象。

3. void writeXXX(XXX a)

将某种数据以某种格式写入到文件中去。

4. void readXXX(XXX a)

从文件中读取 XXX 数据。

【例 9-6】 将几个数据写到 a.txt 文件中去，再按指定格式读取回来。

```
import java.io.DataInputStream;
import java.io.DataOutputStream;
import java.io.File;
import java.io.FileInputStream;
import java.io.FileNotFoundException;
import java.io.FileOutputStream;
import java.io.IOException;
import java.util.Scanner;
public class Ex9_6 {
 public static void main(String[ ] args) throws IOException{
    File f=new File("d:\\ch09","a.txt");
    try {
        FileOutputStream out=new FileOutputStream(f);
        DataOutputStream out2=new DataOutputStream(out);
        FileInputStream  in=new FileInputStream (f);
        DataInputStream in2=new DataInputStream(in);
        out2.writeInt(100);
        out2.writeDouble(3.1415926535897932);
        Scanner str=new Scanner(System.in);
        vout2.writeUTF(str.nextLine( ));
        System.out.println(in2.readInt( ));
        System.out.println(in2.readDouble( ));
        System.out.println(in2.readUTF( ));
        out2.close( );
        out.close( );
        in2.close( );
        in.close( );
    }
    catch (FileNotFoundException e) {
        e.printStackTrace( );
    }
  }
}
```

9.5 随机读写流

除了前面介绍的几种常见的读写流之外，Java 还提供了一个能同时进行读写操作、功能更加完善的 RandomAccessFile 类，当用户需要严格处理文件时，可以使用此类。RandomAccessFile 类的工作方式是把 DataInputStream 和 DataOutputStream 粘起来，再加上它自己的一些方法。比如，定位用的 getFilePointer( )方法，在文件里移动用的 seek( )方法，以及判断文件大小的 length( )方法等。它的两个构造方法如下。

1. RandomAccessFile(String name,String mode)

name 为文件名。mode 取值可以是 r、r/w，指的是所访问文件的权限，该构造方法创建的对象可读、可写。

2. RandomAccessFile(File file,String mode)

file 为文件名。mode 取值可以是 r、rw 等值，指的是所访问文件的权限，该构造方法创建的对象可读、可写。

表 9.1 为该类的一些常用方法。

表 9.1　　RandomAccessFile 类方法

getFilePointer( )	获取当前文件指针的位置
length( )	获取文件的长度
read( )	读一个字节的数据
readBlean( )	读一个布尔值，0 代表 false，其他值代表 true
readByte( )	读一个字节
readChar( )	读一个字符
readDouble( )	读一个 double 数据
readFloat( )	读一个 float 数据
readFullly(byte b[ ])	读 b.length 个字节存储在数组 b 中
readInt( )	读一个 int 数据
readLine( )	读一行文本
readLong( )	读一个 long 数据
readShort( )	读一个 short 数据
readUTF( )	读一个 UTF 字符串
seek(int n)	定位文件指针的位置，n 为指针距离文件开始的位置
skipBytes(int n)	将文件指针向后移动 n 个字节，n 可以为负数
write(byte b[ ])	写数组 b 到文件
writeBoolean(boolean b)	写一个 boolean 数据到文件
writeByte(int n)	写一个 byte 数据到文件
writeBytes(String s)	写一个字符串数据到文件
writeChar(char c)	写一个字符数据到文件

续表

writeChars(String s)	写一个字符串数据到文件
writeDouble(double d)	写一个 double 数据到文件
writeFloat(float f)	写一个 float 数据到文件
writeInt(int i)	写一个 int 数据到文件
writeLong(long l)	写一个 long 数据到文件
writeShort(short s)	写一个 short 数据到文件
writeUTF(String s)	写一个 UTF 字符串到文件

下面，通过两个例子来熟悉 RandomAccessFile 类的使用。

【例 9-7】 将一个数组数据写到 a.txt 文件中去，再从文件中读取回来的时候，对数组中奇数位元素求和。

```
import java.io.File;
import java.io.FileNotFoundException;
import java.io.IOException;
import java.io.RandomAccessFile;
public class Ex9_7 {
 public static void main(String[ ] args) throws IOException{
     File f=new File("d:\\ch09","a.txt");
     try {
         RandomAccessFile r=new RandomAccessFile(f,"rw");
         int[ ] a={1,2,3,4,5,6};
         int sum=0;
         for(int i=0;i<a.length;i++){
             r.writeInt(a[i]);
         }
         for(int i=0;i<a.length;i=i+2){
            r.seek(i*4);
            sum=sum+r.readInt( );
         }
         System.out.println("sum="+sum);
     }
     catch (FileNotFoundException e) {
         e.printStackTrace( );
     }
  }
}
```

【例 9-8】 使用 readLine( )方法读取文件中内容，如果内容包含汉字，直接显示会出现乱码，需要对其重新编码。

```
import java.io.File;
import java.io.FileNotFoundException;
import java.io.IOException;
import java.io.RandomAccessFile;
public class Ex9_1 {
 public static void main(String[ ] args) throws IOException{
     File f=new File("d:\\ch09","a.txt");
     try {
         RandomAccessFile r=new RandomAccessFile(f,"rw");
         String s=null;
         while((s=r.readLine( ))!=null){
             byte b[ ]=s.getBytes("iso-8859-1");
```

```
            s=new String(b);
            System.out.println(s);
        }
    }
    catch (FileNotFoundException e) {
        e.printStackTrace( );
    }
  }
}
```

9.6 对象和序列化

9.6.1 对象和序列化的理解

Java 平台允许我们在内存中创建可复用的 Java 对象，但一般情况下，只有当 JVM 处于运行时，这些对象才可能存在，即这些对象的生命周期不会比 JVM 的生命周期更长。但在现实应用中，就可能要求在 JVM 停止运行之后能够保存（持久化）指定的对象，并在将来重新读取被保存的对象。Java 对象序列化就能够帮助我们实现该功能。

使用 Java 对象序列化，在保存对象时，会把其状态保存为一组字节，以后再将这些字节组装成对象。必须注意，对象序列化保存的是对象的“状态”，即它的成员变量。由此可知，对象序列化不会关注类中的静态变量。

除了在持久化对象时会用到对象序列化之外，当使用 RMI（远程方法调用），或在网络中传递对象时，都会用到对象序列化。Java 序列化 API 为处理对象序列化提供了一个标准机制，该 API 简单易用。

9.6.2 序列化要注意的问题

序列化的实现：首先将需要被序列化的类实现 Serializable 接口，然后使用一个输出流（如 FileOutputStream）来构造一个 ObjectOutputStream（对象流）对象，接着使用 ObjectOutputStream 对象的 writeObject（Object obj）方法就可以将参数为 obj 的对象写出（即保存其状态），要恢复的话则用输入流。

序列化要注意的问题如下。

（1）如果某个类能够被序列化，其子类也可以被序列化。如果该类有父类，则分两种情况来考虑，如果该父类已经实现了序列化接口。则其父类的相应字段及属性的处理和该类相同；如果该类的父类没有实现可串行化接口，则其必须有默认的构造函数（即没有参数的构造函数）。否则，编译的时候就会报错。

（2）声明为 static 和 transient 类型的成员数据不能被串行化。因为 static 代表类的状态，transient 代表对象的临时数据。

（3）相关的类和接口：在 java.io 包中提供的涉及对象的串行化的类与接口有 ObjectOutput 接口、ObjectOutputStream 类、ObjectInput 接口和 ObjectInputStream 类。

9.6.3 对象的克隆

如果两个对象有相同的引用，那么它们就具有相同的实体和功能。有时我们希望得到对象的一个副本，该副本的实体是原对象的拷贝，副本实体变化不影响原来的实体。这个副本我们称为

"克隆"，对象调用 clone( )方法就可以得到这个对象。

使用对象流可以很容易得到一个序列化对象的克隆，该对象必须是序列化的。需要注意的是，如果被克隆对象包含引用成员变量时，这时默认的克隆方法原对象和克隆对象关于此引用成员引用的实体是相同的，此时操作副本对象的引用成员引用的实体会影响到原对象引用成员所引用的实体，这样不再符合"克隆"的原则。所以，出现这种现象就要求我们深度克隆，增加了编程的难度，必须重写 clone( )方法以解决上述问题。

【例 9-9】 创建一个序列化对象，将其写入文件中再读取回来到另外一个对象（副本），也就克隆。

```
import java.io.*;
public class Cat implements Serializable {
  private String name;
  public Cat ( ) {
    this.name = "new cat";
  }
  public String getName( ) {
    return this.name;
  }
  public void setName(String name) {
    this.name = name;
  }
 public static void main(String[ ] args) {
   Cat cat = new Cat( );
     try {
      FileOutputStream fos = new FileOutputStream("catDemo.out");
      ObjectOutputStream oos = new ObjectOutputStream(fos);
      cat.setName("Jerry");
      System.out.println("cat'name:"+cat.getName( ));
      oos.writeObject(cat);
      oos.close( );
     } catch (Exception ex) {  ex.printStackTrace( );   }
    try {
      FileInputStream fis = new FileInputStream("catDemo.out");
      ObjectInputStream ois = new ObjectInputStream(fis);
      Cat cat2 = (Cat) ois.readObject( );
      System.out.println("cat2'name:"+cat2.getName( ));
      cat2.setName("Tom");
      System.out.println("cat2'name:"+cat2.getName( ));
      System.out.println("cat'name:"+cat.getName( ));
      ois.close( );
     } catch (Exception ex) { ex.printStackTrace( );   }
  }
}
```

习　　题

1. 相对路径和绝对路径有什么区别?

2. 使用两种不同的流读取"D:\ch09\a.txt"中的内容，并在控制台输出。

3. 编写一个应用程序管理自己的 D 盘，把某些类型的文件删除，把其他不同类型文件按类型放到不同的文件夹中。

第 10 章 Swing 及事件处理

到目前为止，我们编写的程序多是通过键盘接受用户输入，将输出的结果在控制台显示。事实上，大多数用户都不喜欢这种交互方式，现在的应用程序都是通过图形用户界面（Graphics User Interface，GUI）与用户交互的。本章将主要讲述如何显示窗口；在窗口中布局按钮、文本框等组件；用户在文本框中输入数据或单击按钮如何响应；应用程序如何响应鼠标、键盘操作等内容。

10.1 Swing 概述

早期的 Java 在进行图形用户界面设计的时候使用的是抽象工具箱（Abstract Windows Toolkit，AWT）进行编程。这种用户界面设计存在两个问题，一是在不同平台下显示的界面可能不一样，二是这个图形界面显示的效果不太好看，资源上也比较浪费。

Java.Swing 包提供了更加丰富的、功能更强大的组件，我们称为 Swing 组件。Swing 组件内部提供了相应的用户界面，这些界面是纯 Java 语言编写的，并不依赖于本地的平台，因此在不同平台下视觉效果一致，可以很方便地移植。

Swing 组件并没有完全替代 AWT，而是基于 AWT 架构上的。Swing 组件仅仅提供了更加强大的用户界面组件，尤其是 Swing 的事件处理还得依赖于 AWT 的事件处理。

10.2 框架

10.2.1 框架的创建

在 Java 中，顶层窗口（没有被放置在其他窗口）称为框架，对应的类为 JFrame 类，它继承 AWT 包中的 Frame 类，Swing 组件类一般都是以“J”开头。图 10.1 是该类所处的层次结构。

有两种方法创建框架，一种是直接使用 JFrame 类创建框架，另外一种方法是定义一个类继承 JFrame 类，然后创建该类的的实例（即窗口），也就是框架。

在每个 Swing 程序中，有个技术需要强调。所有的 Swing 组件必须由事件调度线程进行配置，线程将鼠标和键盘控制转移到用户接口组件，下面是事件调度线程中的执行代码。

```
EventQueue.invokeLater(new Runnable( ){
  public void run( ){
    //执行语句
  }
}
```

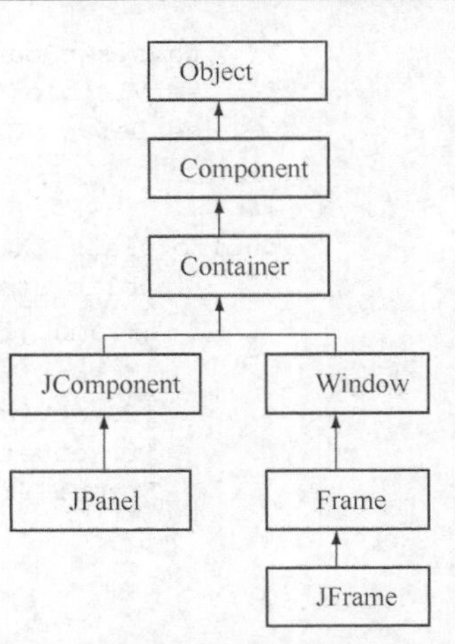

图 10.1 框架的继承层次结构

这段代码目前你只要把他理解成启动 Swing 程序的神奇代码即可。许多 Swing 程序没有通过上述代码启动应用程序，这样的程序存在一个安全隐患，虽然概率非常小，但是我们应该适当避免，最好使用上述代码启动 Swing 程序。

10.2.2 框架的属性

JFrame 是顶级容器，类似的还有 JApplet、JDialog，其他组件都必须放在这 3 个容器中才能显示。我们把由组件类子类或者间接子类创建的对象称为一个组件，如按钮、文本框等。把容器类子类或者间接子类创建的对象称为一个容器，容器是用来盛放组件和容器的对象。一般容器可以调用 add()方法来向容器中添加内容，调用 remove()方法将其中的某些内容移走，当容器中内容有更新时调用 validate()方法确保其中内容能正确显示。

JFrame 类常用方法如下。

1. JFrame( )

构造方法，创建一个无标题的窗体。

2. JFrame（String s）

创建一个标题为 s 的窗体。

3. void setSize(int w,int h)

设置窗体的宽度和高度。

4. void setBounds(int x,int y,int w,int h)

设置窗体左上角顶点的坐标为（x，y），参照物为桌面，桌面左上角顶点坐标为(0，0)，向右、向下依次为 x 轴、y 轴正方向，设置 w，h 为窗体的宽度和高度。

5. void setVisible(boolean b)

设置窗口的可见性，创建的窗口默认情况下是不可见的。

6. void DefaultCloseOperation(int x)

设置窗体右上角关闭按钮的含义。这个 x 对应该类的一个静态常量值，可以取值如下所示。

① DO_NOTHING_ON_CLOSE。
② HIDE_ON_CLOSE。
③ DISPOSE_ON_CLOSE。
④ EXIT_ON_CLOSE。

静态常量可以用类名直接调用，依次含义为不起作用、隐藏窗体、释放当前窗体资源、关闭窗体所在的整个应用程序。

【例 10-1】 创建两个窗体。

```
import javax.swing.JFrame;
class Frame1 extends JFrame{
 Frame1( ){
     super("窗口 1");
```

```
        this.setBounds(300, 300, 300, 300);
        setVisible(true);
        setDefaultCloseOperation(JFrame.DO_NOTHING_ON_CLOSE);
    }
}
public class EX10_1 {
     public static void main(String [ ]args){
      JFrame jf=new JFrame("窗口");
      jf.setSize(300, 300);
      jf.setVisible(true);
      jf.setDefaultCloseOperation(JFrame.EXIT_ON_CLOSE);
      Frame1 frame=new Frame1( );
     }
}
```

10.3 在组件中显示信息

本节将讨论如何在组件中显示信息，以窗口显示菜单为例。

首先，JFrame 窗体相当复杂，一个 JFrame 窗体有 4 层面板。其中的根面板、层级面板、玻璃面板人们不太关心，它们是用来组织菜单栏和内容面板以及实现感官的。我们学习 Swing 最关心的是内容窗格。在设计窗体时，使用下面代码把组件 c 添加到窗体 frame 中去。

```
Container contentPane=frame.getContentPane( );
Component c=……
contenPane.add(c);
```

内容窗格是在最上面一层的，大家可以通过下面这个例子来验证，请分别屏蔽 # 1 和#2 语句。

【例 10-2】 内容面板的一个实例。

```
import java.awt.Color;
import javax.swing.JFrame;
public class EX10_2 {
     public static void main(String [ ]args){
      JFrame jf=new JFrame("内容面板");
      jf.setBackground(Color.blue);//#1
      jf.getContentPane( ).setBackground(Color.black);//#2
      jf.setSize(300, 300);
      jf.setVisible(true);
     }
}
```

很多时候，即使不用内容面板也并不影响显示效果。

其次，一般软件都有相应的菜单栏，要想使用菜单，得用到 3 个类，分别是 JMenuBar、JMenu 和 JMenuItem，对应菜单条、菜单和菜单项，由于比较简单，我们直接通过一个实例来学习。

【例 10-3】 创建一个菜单。

```
import java.awt.Container;
import javax.swing.JFrame;
import javax.swing.JMenu;
import javax.swing.JMenuBar;
import javax.swing.JMenuItem;
public class EX10_3 extends JFrame{
     public static void main(String [ ]args){
      new EX10_3( );
```

```
    }
    JMenuBar menubar;
    JMenu menu;
    JMenuItem item1,item2;
   EX10_3( ){
    setSize(200,200);
    setVisible(true);
    Container content=this.getContentPane( );
    menubar=new JMenuBar( );
    content.add(menubar,"North");
    menu=new JMenu("编辑");
    menubar.add(menu);
    item1=new JMenuItem("复制");
    item2=new JMenuItem("粘贴");
    menu.add(item1);
    menu.add(item2);
    validate( );
   }
}
```

再者，可以把组件直接放到窗口中，也可以把组件放到一些容器中，然后把容器再安放在窗口或其他容器中。这些容器我们一般称为中间容器，而像窗口、对话框等，我们称为底层容器。当然组件自己也是容器。常见的中间容器如下。

（1）JPanel 面板，默认的布局是流布局，构造方法为 JPanel( )。

（2）JScrollPane 面板，滚动窗格，使其中组件带滚动条，构造方法为 JScrollPanel（c），c 为相应的组件。

（3）JSplitPane 面板，拆分窗格，容器拆分成水平或者垂直两部分，构造方法为 JSplitPane(a,b,c)，a 取值 JSplitPane、HORIZONTAL_SPLIT、JSplitPane.VERTICAL_SPLIT，b 和 c 对应两个组件。

具体内容在后面知识中将慢慢巩固。

最后，最常用的组件是按钮 JButton，这里先简单介绍下其常用方法。

1. JButton( )

创建按钮。

2. JButton(String s)

创建名字是 s 的按钮。

3. JButton(Icon icon)

创建带图标的按钮。

4. JButton(String s,Icon icon)

创建带图标的按钮，名字是 icon。

5. void setText(String s)

设置按钮名字。

6. String getText( )

获得按钮名字。

7. Icon getIcon( )

获得按钮图标。

8. void setIcon(Icon icon)

设置按钮图标。

9. void setHorizontalTextPositon(int text)

设置名字相对图标的水平位置参数取值：AbstractButton.LEFT、AbstractButton.CENTER、AbstractButton.LEFT。

10. void setVerticalTextPositon(int text)

设置名字相对图标的垂直位置，参数取值：AbstractButton.TOP、AbstractButton.CENTER、AbstractButton.BOTTOM。

10.4 布局管理器

在 Swing 程序设计中，经常要在容器的不同位置摆放大小不同的组件和容器，单纯靠坐标和大小来摆放就很不方便，由此引出几种常见的布局管理器。

10.4.1 流布局管理器

当一个容器使用流布局管理器时，就好像设置了居中对齐然后在 word 中打字一样，从第一行开始，第一行放不下就放到第二行，依次类推。这里的字就好比是容器中的组件或者容器。中间容器 JPanel 默认布局方式就是流布局。下面看看该类的常用方法。

1. FlowLayout（ ）

构造方法，对应一个流布局对象，默认对齐方式为居中。

2. FlowLayout（int alignment）

构造方法，设置对齐方式为 alignment，取值：FlowLayout.LEFT、FlowLayout. CENTER、FlowLayout.RIGTH。

3. FlowLayout（int alignment ,int h,int v）

构造方法，设置对齐方式以及组件间水平方向和垂直方向的间隔。

4. setAlignment（int alignment）

设置对齐方式为 alignment。

另外一个要注意的问题是，在流布局容器中的组件大小不能通过方法 setSize()设置，而是要使用方法 setPreferredSzie()设置。

【例 10-4】 流布局管理器的应用。

```
import java.awt.*;
import javax.swing.*;
public class EX10_4{
   public static void main(String args[ ]){
      new Flow( );
   }
}
class Flow extends JFrame{
   Flow( ){
      Container content=this.getContentPane( );
    JButton b1=new JButton("b1");
    JButton b2=new JButton("b2");
    JButton b3=new JButton("b3");
      FlowLayout flow=new FlowLayout( );
      flow.setAlignment(FlowLayout.LEFT);
```

```
        flow.setHgap(2);
        flow.setVgap(5);
        content.setLayout(flow);
        content.add(b1);content.add(b2);content.add(b3);
        b2.setSize(40, 40);
        b3.setPreferredSize(new Dimension(60,60));
        validate( );
        setBounds(100,100,200,160);
        setVisible(true);
        setDefaultCloseOperation(JFrame.DISPOSE_ON_CLOSE);
    }
}
```

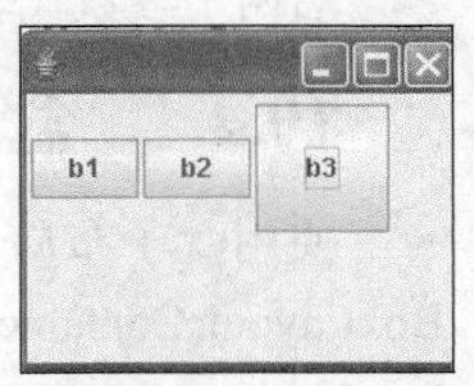

图 10.2　流布局

程序运行结果如图 10.2 所示。

10.4.2　边界布局

当一个容器使用边界布局管理器（BorderLayout 类）时，就好像把一个容器分成东、西、南、北、中 5 个部分，并且每个部分只能放一个组件，如果希望在某个部分放置多个组件，可以先放一个容器对象，然后在容器里面放置多个组件或容器。JFrame、JDiaglog 默认布局方式就是边界布局。当向边界布局容器 con 中添加组件 p 时，应该使用如下语句。

```
con.add(p,BorderLayout.CENTER)
```

或者

```
con.add(BorderLayout.SOUTH, p)
```

【例 10-5】 边界管理器的应用。

```
import javax.swing.*;
import java.awt.*;
public class EX10_5{
    public static void main(String args[ ]){
        JFrame jf=new JFrame( );
        jf.setBounds(200,200,300,300);
        jf.setVisible(true);
        Container content=jf.getContentPane( );
        JButton b1=new JButton("1"),
              b2=new JButton("2"),
              b3 =new JButton("3"),
              b4 =new JButton("4");
        JTextArea b5=new JTextArea( );
        content.add(b1,BorderLayout.NORTH);
        content.add(b2,BorderLayout.SOUTH);
        content.add(BorderLayout.EAST,b3);
        content.add(b4,"West");
        content.add(b5,BorderLayout.CENTER);
        content.validate( );
        jf.setDefaultCloseOperation(JFrame.EXIT_ON_CLOSE);
    }
}
```

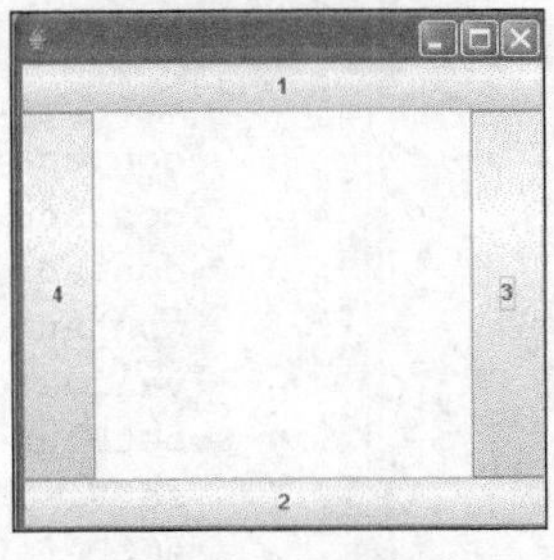

图 10.3　边界布局

程序运行结果如图 10.3 所示。

10.4.3　网格布局

GridLayout 是使用较多的布局管理器，如果它的构造方法如下。

GridLayout g=new GridLayout(4,3);

那么，当某容器使用上述管理器时，该容器就被分成 4 行 3 列共 12 个单元格，我们可以依此顺序往每个单元格中放置内容，使用 add()方法。

当然，还有一个构造方法，例如，

GridLayout g=new GridLayout(4,3 ,5,5)

后两个参数代表单元格水平方向和垂直方向间隔。

10.4.4 盒子布局

使用盒子布局（BoxLayout）的容器将其中的组件都排在一列或者一行。在它的构造方法 BoxLayout(Container con,int axis)中，con 代表指定的容器使用盒子布局，axis 取值可以是 BoxLayout.X_AXIS 或者 BoxLayout.Y_AXIS，表示创建的盒子是水平方向还是垂直方向的。

【例 10-6】 盒子布局管理器的应用。

```
import javax.swing.*;
import java.awt.*;
public class EX10_6{
   public static void main(String args[ ]){
      new Frame1( );
   }
}
class Frame1 extends JFrame{
      Frame1( ){
      Container content=this.getContentPane( );
      Box con,con1,con2;
      con1=Box.createVerticalBox( );
      con1.add(new JLabel("用  户  名"));
      con1.add(Box.createVerticalStrut(5));
      con1.add(new JLabel("密     码"));
      con1.add(Box.createVerticalStrut(5));
      con1.add(new JLabel("确认密码"));
      con2=Box.createVerticalBox( );
      con2.add(new JTextField(10));
      con2.add(Box.createVerticalStrut(5));
      con2.add(new JTextField(10));
      con2.add(Box.createVerticalStrut(5));
      con2.add(new JTextField(10));
      JLabel label=new JLabel("用 户 注 册",JLabel.CENTER);
      content.add(label,"North");
      con=Box.createHorizontalBox( );
      con.add(con1);
      con.add(Box.createHorizontalStrut(10));
      con.add(con2);
      content.add(con,"South");
      validate( );
      setBounds(200,200,300,150);
      setVisible(true);
      setDefaultCloseOperation(JFrame.DISPOSE_ON_CLOSE);
   }
}
```

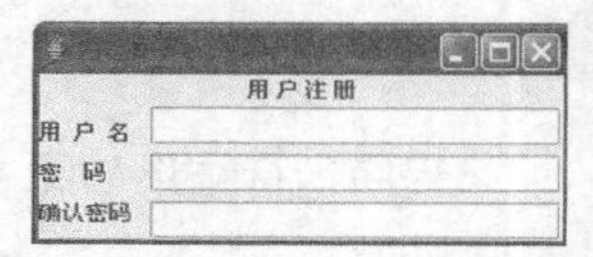

图 10.4 盒子布局

程序运行结果如图 10.4 所示。

10.4.5 卡片布局

使用卡片布局（CardLayout）容器可以容纳多个组件，但同一时刻容器只能从这些组件中选出一个来显示。典型的使用卡片布局的容器是 JTablePane 窗格。JTablePane 窗格默认布局方式是卡片布局，其构造方法为：

public JTabbedPane(int tabPlacement)

其参数取值可以是 JTabbedPane.TOP、JTabbedPane.BOTTOM、JTabbedPane.LEFT 和 JTabbed Pane.RIGHT。表示窗口选项卡的位置。

可以使用 add(c,text)方法向窗格中添加组件 c，选项卡上显示名字 text。我们通过【例 10-7】来掌握这种布局方式。

【例 10-7】 卡片布局管理器的应用。

```
import javax.swing.*;
import java.awt.*;
public class EX10_7{
    public static void main(String args[ ]){
        new MyWin( );
    }
}
class MyWin extends JFrame{
     public MyWin( ){
        setBounds(100,100,200,200);
        setVisible(true);
        JTabbedPane p;
        Icon icon[ ];
        String imageName[ ]={"1.jpg","2.jpg","3.jpg"};
        icon=new Icon[imageName.length];
        for(int i=0;i<icon.length;i++)
           icon[i]=new ImageIcon(imageName[i]);
        p=new JTabbedPane(JTabbedPane.TOP);
        for(int i=0;i<icon.length;i++){
           int m=i+1;
           p.add("图片"+m,new JButton(icon[i]));
        }
        p.validate( );
        add(p,BorderLayout.CENTER);
        validate( );
        setDefaultCloseOperation(JFrame.DISPOSE_ON_CLOSE);
  }}
```

图 10.5　盒子布局

程序运行结果如图 10.5 所示。

10.4.6　空布局

一个容器可以调用 setLayout(null)方法设置其布局方式为空布局方式，在往空布局容器中添加组件的时候可以使用 add( )方法，并且可以通过 setBounds( )方法指定其大小和位置。

10.5　事件处理

10.5.1　一个事件处理的实例

【例 10-8】 编写程序实现在第一文本框中输入文本，按<Enter>键后在第二个文本框中显示。

```
import javax.swing.*;
```

```
import java.awt.*;
import java.awt.event.ActionEvent;
import java.awt.event.ActionListener;
public class EX10_8{
    public static void main(String args[ ]){
       new Frame1( );
    }
}
class Frame1 extends JFrame implements ActionListener{
     JTextField text1,text2;
       Frame1( ){
       Container content=this.getContentPane( );
       content.setLayout(new FlowLayout( ));
       text1=new JTextField(10);
       text2=new JTextField(10);
       text1.addActionListener(this);
       setBounds(200,200,300,100);
       content.add(text1);
       content.add(text2);
       setVisible(true);
       validate( );
       setDefaultCloseOperation(JFrame.DISPOSE_ON_CLOSE);
       }
       public void actionPerformed(ActionEvent e){
        text2.setText(text1.getText( ));
       }
}
```

程序中 text1.addActionListener(this)语句中，text1 是事件源，this 是监视器，该类实现的 ActionListener 接口为处理事件的接口。这就是事件的三要素。这句话的意思是给 text1 增加监视器，监视组件的事件有没有发生，如果发生就调用相应的方法处理。

事件源即产生事件的组件；this 在本构造方法中代表当前创建的窗口，为监视器，监视器对应的类必须实现对应事件的接口；最后实现的 actionPerformed()方法为对应接口中的处理事件的方法的具体实现。当在第一个文本框中输入内容按<Enter>键确定时产生事件，监视器发现后自动调用方法 actionPerformed()方法处理。

10.5.2 关于内部类

有时候一个简单的事件处理可以用内部类直接解决，请观察下面例子，它是上面例子的改写。

【例 10-9】 在第一文本框中输入文本，按<Enter>键后在第二个文本框中显示。

```
import javax.swing.*;
import java.awt.*;
import java.awt.event.ActionEvent;
import java.awt.event.ActionListener;
public class EX10_9{
    public static void main(String args[ ]){
       new Frame1( );
    }
}
class Frame1 extends JFrame{
     JTextField text1,text2;
       Frame1( ){
       Container content=this.getContentPane( );
```

```
        content.setLayout(new FlowLayout( ));
        text1=new JTextField(10);
        text2=new JTextField(10);
        text1.addActionListener(new ActionListener( ){
         public void actionPerformed(ActionEvent e){
            text2.setText(text1.getText( ));
           }
        });
        setBounds(200,200,300,100);
        content.add(text1);
        content.add(text2);
        setVisible(true);
        validate( );
        setDefaultCloseOperation(JFrame.DISPOSE_ON_CLOSE);
        }
    }
```

10.5.3 关于适配器类

监视对象所对应的类应该实现对应接口中所有的方法，可是有时候一个处理事件的接口中有很多方法，但是实际使用的时候只使用其中很少的方法。对于这样的接口往往有已经定义好的类，这些类实现了对应接口的所有方法，但没有具体的功能，这样的类就是适配器类。

那么，我们可以定义监视器对象对应的类继承适配器类，只要适当重写需要的方法即可，无需实现所有的方法。

10.6 文本组件

10.6.1 文本域

JTextField 创建的一个对象就是一个文本框。用户可以在文本框输入单行的文本。其常用方法如下。

1. JTextField(int x)

创建文本框，x 为文本框内可见字符的个数。

2. JTextField(String s)

创建文本框，初始内容为 s。

3. void setText(String s)

设置文本框的内容为 s。

4. String getText( )

获得当前文本框的内容。

5. void setEditable(boolean b)

设置文本框的可编辑性，当 b 为 false 是不可编辑，默认文本框可以编辑。

10.6.2 密码域

JPasswordField 类是 JTextField 类子类，该类创建的一个对象为一个密码框。用户可以在密码框输入单行的文本，但回显的是指定的回显符号，如默认的回显符号为“*”。我们可以使用

setEchoChar(char c)方法修改回显符号。

由于是 JTextFied 的子类，所以文本框的方法基本上密码框都有与之对应的方法，需要注意的是密码域的 getPassword( )方法返回的是字符数组，而不是字符串。

10.6.3 标签

JLabel 类创建的对象就是一个标签。标签主要用来显示内容，如文本、图形等，程序运行时不可以编辑其内容。其常用方法如下。

1. JLabel( )

创建一个没有内容的标签。

2. JLabel (String s)

创建一个标签，内容为 s。

3. JLabel (String s,int alignment)

创建一个标签，内容为 s，并指定对齐方式。alignment 取值：JLabel.LEFT、JLabel.RIGHT 和 JLabel.CENTER。默认对齐方式为左对齐。

4. JLabel (Icon icon)

创建一个标签，内容为一个图标。

5. String getText( )

获得标签内容。

6. void setText(String s)

设置标签内容

7. Icon getIcon( )

获得标签图像。

8. setIcon(Icon icon)

设置标签图像。

10.6.4 文本区

有时候单行的文本不能完全展示要显示的内容，可以使用 JTextArea 类来创建文本区对象，用来接受多行文本输入。其常用方法如下。

1. JTextArea(int rows, int columns)

创建一个 rows 行 columns 列的文本区。

2. void setLineWrap(boolean b)

设置文本区内容在右边界是否自动换行。

3. void setWrapStyleWord(boolean b)

设置单词在右边界是否允许断字。

4. String getText( )

获取文本区内容。

5. void setText(String s)

设置文本区内容为 s。

6. void append(String s)

在文本区已经有的内容后追加 s。

7. void insert(String s,int x)

在文本区 x 位置插入 s。

8. void replaceRange(String newString,int start,int end)

将指定的一段内容替换成新串。

9. void copy( )

将选定的文本区的内容复制到剪贴板。

10. void cut( )

将选定的文本区的内容剪切到剪贴板。

11. void paste( )

将剪贴板内容粘贴到文本区。

10.6.5　滚动窗格

有时候文本区的大小不能完全显示内容，我们可以设置滚动条帮助浏览所有内容。对于中间容器滚动窗格（JScrollPane），有如下代码。

```
textArea=new JTextArea(10,10);
JScrollPane p=new JScrollPane(textArea);
```

此时，如果内容超过指定的 10 行 10 列，会自动产生滚动条。

下面，我们用一些例子来巩固上述知识点。

首先，对于文本框、密码框、按钮、菜单选项，它们对应的处理的接口都是 ActionListener，该接口中的处理方法为 actionPerformed( )，事件类型为 ActionEvent。当然，某些组件对应的事件接口不唯一，我们讲解的都是最常用的那种。

其次，事件对象调用 getSource( )方法获得事件源，返回值类型为 Object，我们可以把它强制转换成任意其他类型。

【例 10-10】 编写一个用户注册界面，用户注册成功后会将用户名和密码写入到当前项目的 hell.txt 中。

```
import java.awt.FlowLayout;
import java.awt.event.*;
import java.io.*;
import javax.swing.*;
public class EX10_10 extends JFrame{
 private static final long serialVersionUID = 3798101740382539736L;
 JTextField name;
 JPasswordField pwd;
 JButton button;
 JLabel l1,l2;
   EX10_10( ){
    setBounds(200,200,200,200);
    setVisible(true);
    name=new JTextField(10);
    pwd=new JPasswordField(10);
    button=new JButton("OK");
    l1=new JLabel("用户名");
    l2=new JLabel("密      码");
    setLayout(new FlowLayout( ));
      add(l1);
      add(name);
```

```
            add(l2);
            add(pwd);
            add(button);
             validate( );
        setDefaultCloseOperation(EXIT_ON_CLOSE);

        button.addActionListener(new ActionListener( ){
            public void actionPerformed(ActionEvent e){
                setVisible(false);
                try{ FileWriter tofile=new
FileWriter("hello.txt",true);
                         BufferedWriter out= new BufferedWriter(tofile);
                         String s=new String(name.getText( ));
                         out.write(s); out.newLine( );
                         out.write(new
String(pwd.getPassword( )));out.newLine( );
                         out.flush( );
                         out.close( );
                         tofile.close( );
                     }
                     catch(IOException e1){
                         System.out.println(e1);
                     }
                }

            });
        }
        public static void main(String args[ ]){
         new EX10_10( );
        }
    }
```

【例 10-11】 编写应用程序，要求有编辑菜单，包含复制和粘贴菜单选项，在左边文本区中输入内容，然后选中，单击复制菜单，再单击粘贴菜单，将内容粘贴到右边文本区。

```
import javax.swing.*;
import java.awt.event.*;
import java.awt.*;
public class EX10_11{
    public static void main(String args[ ]){
        new EditWindow( );
    }
}
class EditWindow extends JFrame implements ActionListener{
    JMenuBar menubar;
    JMenu menu;
    JSplitPane p;
    JMenuItem itemCopy,itemPaste;
    JTextArea text1,text2;
    EditWindow( ){
       setSize(260,270);
       setLocation(120,120);
       setVisible(true);
       menubar=new JMenuBar( );
       menu=new JMenu("编辑");
       itemCopy=new JMenuItem("复制");
       itemPaste=new JMenuItem("粘贴");
```

```
        menu.add(itemCopy);
        menu.add(itemPaste);
        menubar.add(menu);
        setJMenuBar(menubar);
        text1=new JTextArea( );
        text2=new JTextArea( );
        p=new JSplitPane(JSplitPane.HORIZONTAL_SPLIT,text1,text2);
        p.setDividerLocation(120);
        setDefaultCloseOperation(JFrame.DISPOSE_ON_CLOSE);
        add(p,BorderLayout.CENTER);
        validate( );
        itemCopy.addActionListener(this);
        itemPaste.addActionListener(this);
    }
    public void actionPerformed(ActionEvent e){
        if(e.getSource( )==itemCopy)
            text1.copy( );
        else if(e.getSource( )==itemPaste)
            text2.paste( );
    }
}
```

10.7　选择组件

10.7.1　复选按钮

JCheckBox 创建的对象为复选框，它提供两种状态，选中或者未选中。一组复选框大家可以选中其中任意个。其主要方法如下。

1. JCheckBox( )

创建一个复选框。

2. JCheckBox(String text)

创建一个复选框，text 为其内容。

3. JCheckBox(Icon icon)

创建一个复选框，icon 为其图标。

4. JCheckBox(String text, Icon icon)

创建一个复选框，有内容也有图像。

5. boolean isSelected( )

返回复选框状态。

10.7.2　单选按钮

JRadioButton 创建的对象为复选框，它提供两种状态，选中或者未选中。一组单选按钮只能选中一个。其主要方法如下。

1. JRadioButton( )

创建一个单选按钮。

2. JRadioButton(Icon icon)

创建一个带图标的单选按钮。

3. JRadioButton(Icon icon,boolean selected)

创建一个带图标的单选按钮，并设置初始选中状态。

4. JRadioButton(String s)

创建一个单选按钮，s 为其内容。

5. JRadioButton(String s,Icon icon)

创建一个单选按钮，有内容有图标。

6. JRadioButton(String ,Icon icon,boolean selected)

创建一个单选按钮，有内容有图标，并设置初始选中状态。

一般情况下一组单选按钮应该被放在一个按钮组（ButtonGroup）中，归到同一组的单选按钮只能并且必须选其中一个。

```
ButtonGroup sex=new ButtonGrop;
JRadioButton m=new JRadioButton("男"),
             w= new JRadioButton("女");
    sex.add(m);
    sex.add(w);
```

10.7.3 下拉列表

JComboBox 提供一个下拉列表类，该类创建的对象可以从下拉选项中选择项目，也可以对选择项目进行编辑。常用方法如下。

1. JComboBox( )

创建一个下拉列表。

2. JComboBox(Object array[ ])

创建一个下拉列表，其下拉选项对应数组元素。

3. JComboBox(Vector v)

创建一个下拉列表，其下拉选项对应向量元素。

4. void addItem(Object anObject)

向下拉列表中增加一个选项。

5. int getSelectedIndex( )

获得当前被选中的选项索引。

6. Object getSelectedItem( )

获得当前被选中的选项。

7. void removeItemAt(int anIndex)

移走指定索引的选项。

8. void removeAllItems( )

移走所有的选项。

9. void addItemListener(ItemListener)

增加监视器。

下面我们用一些例子来巩固上述知识点。

首先，选择按钮对应的事件接口 ItemListener，该接口中只有一个方法 public void itemStateChanged(ItemEvent e)。

其次，ItemEvent 事件对象除了可以使用 getSource( )方法返回发生 Itemevent 事件的事件源外，也可以使用 getItemSelectable( )方法返回发生 Itemevent 事件的事件源。

最后，选择按钮也可以用之前的 ActionListenen 接口来处理。

【例 10-12】 编写程序，实现单选按钮选择，在文本区显示选择结果。

```
import java.awt.FlowLayout;
import java.awt.event.ItemEvent;
import java.awt.event.ItemListener;

import javax.swing.*;
public class EX10_12 {
 public static void main(String[ ] args) {
     new SelectButton( );
  }
}
class SelectButton extends JFrame implements ItemListener{
 JRadioButton r1,r2;
 ButtonGroup sex;
 JTextArea area;
 SelectButton( ){
     r1=new JRadioButton("男");
     r2=new JRadioButton("女");
     sex=new ButtonGroup( );
     area=new JTextArea(12,12);
     sex.add(r1);sex.add(r2);
     r1.addItemListener(this);
     r2.addItemListener(this);
     setLayout(new FlowLayout( ));
     setSize(200,200);
     add(r1);
     add(r2);
     add(area);
     setVisible(true);
     validate( );

  }
  public void itemStateChanged(ItemEvent arg0) {
     JRadioButton b=(JRadioButton)arg0.getSource( );
     if(b.hasFocus( )){
         area.append(b.getText( ));
         area.append("\n");
     }
  }
}
```

【例 10-13】 编写程序，实现下拉列表，在文本区显示选择文档内容。（文档应该在当前目录）

```
import javax.swing.*;
import java.awt.event.*;
import java.awt.*;
import java.io.*;
public class EX10_13{
    public static void main(String args[ ]){
        new ReadFileWindow( );
    }
}
class ReadFileWindow extends JFrame implements ItemListener{
    JComboBox list;
```

```
        JTextArea showText;
        ReadFileWindow( ){
            showText=new JTextArea(12,12);
            list=new JComboBox( );
            list.addItem("a.txt");
            list.addItem("b.txt");
            add(list,BorderLayout.NORTH);
            add(new JScrollPane(showText));
            validate( );
            list.addItemListener(this);
            setBounds(120,120,500,370);
            setVisible(true);
            setDefaultCloseOperation(JFrame.DISPOSE_ON_CLOSE);
        }
        public void itemStateChanged(ItemEvent e){
            String fileName=(list.getSelectedItem( )).toString( );
            File readFile=new File(fileName);
            showText.setText(null);
            try{   FileReader inOne=new FileReader(readFile);
                  BufferedReader inTwo= new BufferedReader(inOne);
                  String s=null;
                  int i=0;
                  while((s=inTwo.readLine( ))!=null)
                      showText.append("\n"+s);
                  inOne.close( );
                  inTwo.close( );
             }
             catch(IOException ex){
                  showText.setText(ex.toString( ));
             }
        }
    }
```

10.8 表格组件

10.8.1 表格的创建

表格是最常用的数据统计组件之一，是由行和列组成的二维表形式。对应的类为 JTable。常用构造方法如下。

1. JTable（Object[ ][ ] a,Object[ ] b）

创建一个表格，a 对应表格的数据，b 对应表格的标题栏。

2. JTable（Vector a, Vector b）

创建一个表格，a 对应表格的数据，显然 a 中的每个元素对应表格中的行数据，b 对应表格的标题栏。

【例 10-14】 用向量创建表格。

```
import java.awt.BorderLayout;
import java.awt.EventQueue;
import java.util.Vector;
import javax.swing.JFrame;
import javax.swing.JPanel;
import javax.swing.JScrollPane;
```

```
import javax.swing.JTable;
import javax.swing.UIManager;
import javax.swing.border.EmptyBorder;
public class EX10_14 extends JFrame {
    private JPanel contentPane;
    private JTable table;

    public static void main(String[ ] args) {
        try {
UIManager.setLookAndFeel("com.sun.java.swing.plaf.nimbus.NimbusLookAndFeel");
        } catch (Throwable e) {
            e.printStackTrace( );
        }
        EventQueue.invokeLater(new Runnable( ) {
            public void run( ) {
                try {
                  EX10_14 frame = new EX10_14( );
                    frame.setVisible(true);
                } catch (Exception e) {
                 e.printStackTrace( );
                }
            }
        });
    }

      public EX10_14( ) {
        setTitle("使用向量创建表格");
        setDefaultCloseOperation(JFrame.EXIT_ON_CLOSE);
        setBounds(100, 100, 250, 150);
        contentPane = new JPanel( );
        contentPane.setBorder(new EmptyBorder(5, 5, 5, 5));
        // 设置面板的边框
        contentPane.setLayout(new BorderLayout(0, 0));
        setContentPane(contentPane);// 应用内容面板
        JScrollPane scrollPane = new JScrollPane( );
        contentPane.add(scrollPane, BorderLayout.CENTER);
        Vector<String> columnNameV = new Vector<String>( ); // 定义表格列名向量
        columnNameV.add("A"); // 添加列名
        columnNameV.add("B");
        Vector<Vector<String>> tableValueV = new
                        Vector<Vector<String>>( ); // 定义表格数据向量
        for (int row = 1; row < 6; row++) {
            Vector<String> rowV = new Vector<String>( ); // 定义表格行向量
            rowV.add("A" + row); // 添加单元格数据
            rowV.add("B" + row);
            tableValueV.add(rowV); // 将表格行向量添加到表格数据向量
        }
        table = new JTable(tableValueV, columnNameV);
         // 创建指定列名和数据的表格
        scrollPane.setViewportView(table);
    }

 }
```

10.8.2　表格的维护

用来创建表格的 JTable 类本身不存储表格数据，而是由表格模型存储数据。对应前面两种创建表格构造方法，我们引入两个对应的表格模型构造方法。

DefaultTableModel(Object[ ][ ] a,Object[ ] b)

DefaultTableModel(Vector a, Vector b)

以后，我们创建表格时就应该先创建表格模型存储数据，然后用表格模型创建，表格负责显示。

DefaultTableModel model=new DefaultTableModel(a,b);

JTable table=new JTable(model);

表格维护常用方法如下。

1. void addRow(Object[ ] a)

向表格末尾添加一行数据。

2. void addRow(Vector v)

向表格末尾添加一行数据。

3. void insertRow(int row, Object[ ] a)

在指定行 row 插入一行数据。

4. void insertRow(int row, Vector v)

在指定行 row 插入一行数据。

5. void setValueAt(Object value,int row,int column)

修改 row 行 column 列数据为 value。

6. void remove(int row)

删除指定行。

10.9　树组件

10.9.1　树的创建

JTree 类的实例称为树组件。树组件也是常用的组件之一，它由节点构成。树组件的外观远比按钮要复杂得多。要想构造一个树组件，必须事先创建出称为节点的对象。树组件常用的两个构造方法为：JTree()和 JTree(TreeNode root)

树组件一般不显示滚动条，我们通常把树放到滚动窗格（JScrollPane）中。

任何实现 MutableTreeNode 接口的类创建的对象都可以成为树上的节点，树中最基本的对象是节点，它表示在给定层次结构中的数据项。树以垂直方式显示数据，每行显示一个节点。树中只有一个根节点，所有其他节点都从这里引出。除根节点外，其他节点分为两类，一类是带子节点的分支节点，另一类是不带子节点的叶节点。每一个节点关联着一个描述该节点的文本标签和图像图标。文本标签是节点中对象的字符串表示，图标指明该节点是否是叶节点。常用的 Default MutableTreeNode 类就是一个实现 MutableTreeNode 接口的类。下面是关联的一些常用方法。

1. DefaultMutableTreeNode(Object userObject)

创建的节点默认可以有子节点。

2. DefaultMutableTreeNode(Object userObject,boolean allowChildren)

创建节点并指定是否有孩子节点。

3. void add( )

添加其他节点作为它的子节点。

4. setAllowsChildren(boolean b)方法

设置是否允许有子节点。

5. getUserObject( )方法

得到节点中存放的对象。

当用鼠标单击树中节点时触发 TreeSelectionEvent 事件，对应接口是 TreeSelectionListener，接口中处理方法为 void valueChanged(TreeSelectionEvent e)。可以调用 getLastSelectedPath Component( )获取选中的节点。

【例 10-15】 树组件应用举例。

```
import javax.swing.*;
import javax.swing.tree.*;
import java.awt.*;
import javax.swing.event.*;
public class Example10_15{
    public static void main(String args[ ]){
        new TreeWin( );
    }
}
class Javabox{
    String name;
    String content;
    Javabox(String name,String content){
       this.name=name;
       this.content=content;
    }
    public String toString( ){
       return name;
    }
}
class TreeWin extends JFrame implements TreeSelectionListener{
    JTree tree;
    JTextArea showText;
    TreeWin( ){
       DefaultMutableTreeNode root=new DefaultMutableTreeNode("教材");  //根节点
       DefaultMutableTreeNode node=new DefaultMutableTreeNode("Java 程序设计"); //
节点
       DefaultMutableTreeNode nodeson1=
       new DefaultMutableTreeNode(new Javabox("第一章","可以用输入输出流读取指定文件内
容!"));  //节点
       DefaultMutableTreeNode nodeson2=
       new DefaultMutableTreeNode(new Javabox("第二章","可以用串截取获得某个章节内容!
")); //节点
       DefaultMutableTreeNode nodeson3=
       new DefaultMutableTreeNode(new Javabox("第二章","网上其实有许多电子书制作小软件!
")); //节点
       root.add(node); //确定节点之间的关系
       node.add(nodeson1);
```

```
            node.add(nodeson2);
            node.add(nodeson3);
            tree=new JTree(root);
            tree.addTreeSelectionListener(this); //监视树
组件上的事件
            showText=new JTextArea( );
            setLayout(new GridLayout(1,2));
            add(new JScrollPane(tree));
            add(new JScrollPane(showText));
setDefaultCloseOperation(JFrame.EXIT_ON_CLOSE);
            setVisible(true);
            setBounds(80,80,300,300);
            validate( );
        }
        public void valueChanged(TreeSelectionEvent e){
            DefaultMutableTreeNode  node=(DefaultMutableTreeNode)tree.getLastSelected
PathComponent( );
            if(node.isLeaf( )){
            Javabox s=(Javabox)node.getUserObject( );//得到节点中存放对象
               showText.setText(s.name+","+s.content+"\n");
            }
            else{
               showText.setText(null);
            }
        }
    }
```

图 10.6　树组件应用

程序运行结果如图 10.6 所示。

10.9.2　树的维护

如果希望程序运行时能修改树，就要用到树模型对象。常用描述树模型类为 DefaultMutableTreeNode。创建树时先创建树模型，然后用数模型作为参数创建树。对应的两个构造方法前面已经给出。下面给出一些维护树常用方法，大家自己练习。

1. void insertNodeInto(DefaultMutableTreeNode newchild, DefaultMutableTreeNode parent, int index)

插入节点，parent 为父节点，index 为新节点作为父节点的第几个节点。

2. setUserObject(String s)

修改该节点，标签内容为 s，修改节点必须调用 nodeChanged(TreeNode)通知树模型。

3. removeNodeFromParent(DefaultMutableTreeNode node)

删除节点 node。

10.10　对话框

10.10.1　对话框的类

对话框经常用来显示信息或者获取用户信息，对话框必须依赖于某个组件或者窗口，当所依赖的组件或者窗口消失时，对话框也消失，而当依赖的组件或者窗口可见时对话框又恢复。通过建立 JDialog 类子类可以建立一个对话框类，通过建立对话框实例的方法可以创建一个对话框。JDialog 类常用方法如下。

1. JDialog( )

创建一个无标题初始不可见的对话框。

2. JDialog(JFrame owner)

创建一个初始不可见无标题依赖与 ownen 的对话框。

3. JDialog(JFrame owner, String title)

创建一个指定标题依赖于 ower 的对话框。

4. JDialog(JFrame owner, String title,boolean modal)

创建一个指定标题依赖于 ower 的并指定模式的对话框。

5. setModal(boolean b)

设置对话框的模式。

6. setVisible(boolean b)

设置对话框的可见性。

7. void setJMenuBar(JMenuBar menu)

为对话框安装菜单条。

10.10.2 对话框的模式

对话框分有模式和无模式两种。有模式的对话框弹出之后，用户必须做出选择，响应对话框后才能继续该应用程序的操作，不能在该应用程序中做其他操作；而无模式对话框，用户可以不响应对话框，比如把对话框拖到一边继续该应用程序的其他操作。

可以在创建对话框时指定对话框的模式，默认的对话框是不可见的，我们可以用 setModal(boolean)方法修改对话框的模式，用 setVisible(boolean)方法设置可见性。

10.10.3 文件对话框

很多软件的文件菜单下都有“打开”、“保存”这样的一些菜单项，当我们选择时弹出的对话框就是文件对话框。

文件对话框对应的类是 JFileChooser，其构造方法如下。

1. JFileChooser( )

指定的对话框初始目录为操作系统默认目录。

2. JFileChooser(File directory)

指定对话框初始目录为 diretory。

JFileChooser 类的实例调用下面方法可以创建一个有模式的文件对话框，对话框显示在 parent 组件的正前方。

① showDialog(Component parent,String s)。

② showDialog(Component parent)。

③ showDialog(Component parent)。

【例 10 -16】 使用文件对话框打开某文件，并在文本区中显示。

```
import java.awt.event.*;
import java.awt.*;
import javax.swing.*;
```

```
import java.io.*;
public class EX10_16{
    public static void main(String args[ ]){
        new FileWindow( );
    }
}
class FileWindow extends JFrame implements ActionListener{
    JMenuBar menubar;
    JMenu menu;
    JMenuItem item;
    JTextArea text;
    JFileChooser fileChooser;
    FileWindow( ){
     menubar=new JMenuBar( );
     menu=new JMenu("文件");
     item=new JMenuItem("打开");
     item.addActionListener(this);
        fileChooser=new JFileChooser("D:/");
        text=new JTextArea("显示文件内容");
        setJMenuBar(menubar);
        menubar.add(menu);
        menu.add(item);
        add(new JScrollPane(text),BorderLayout.CENTER);
        setBounds(60,60,300,300);
        setVisible(true);
        setDefaultCloseOperation(JFrame.EXIT_ON_CLOSE);
    }
    public void actionPerformed(ActionEvent e){
        text.setText(null);
        int n=fileChooser.showOpenDialog(null);
        if(n==JFileChooser.APPROVE_OPTION){
          File file=fileChooser.getSelectedFile( );
          try{  FileReader readfile=new FileReader(file);
                BufferedReader in=new BufferedReader(readfile);
                String s=null;
                while((s=in.readLine( ))!=null)
                    text.append(s+"\n");
          }
          catch(IOException ee){}
        }
    }
}
```

10.10.4 其他对话框

除了文件对话框外，还有输入对话框、消息对话框、确认对话框和颜色对话框等。

（1）输入对话框，JOptionPane 类静态方法 showInputDialog 可以弹出一个对话框，对话框要求用户输入内容。

String showInputDialog(component c,Object mess,String title,int type)

参数 c 是对话框的依赖对象，mess 是提示消息，title 为对话框标题，type 为对话框的一些外观，如有“！”、“？”标志等，可以取 ERROR_MESSAGE、INFORMATION_MESSAGE、WARNING_MESSAGE、QUESTION _MESSAGE，返回值为用户输入数据。

（2）消息对话框，JOptionPane 类静态方法 showMessageDialog 可以弹出一个对话框，对话框提示用户一些消息。

void　showMessageDialog (component c,Object mess,String title,int type)

参数含义同输入对话框，只是返回值不一样。

（3）确认对话框，JOptionPane 类静态方法 showConfirmDialog 可以弹出一个对话框，对话框提示用户做出确认或者不确认的选择。

int　showConfirmDialog (component c,Object mess,String title,int type)

参数 c 是对话框的依赖对象，mess 是提示消息，title 为对话框标题，type 为对话框的一些外观，可以取值 YES_OPTION,JOptionPane.NO_OPTION、CANCEL_OPTION, OK_OPTION 或 CLOSED_OPTION。

（4）颜色对话框，JColorChooser 类静态方法 showDialog 可以弹出一个对话框，对话框要求用户选择某种颜色。

Color　showDialog (component c,String title,Color color)

参数 c 为对话框显示位置对应的组件，title 为标题，color 为对话框初始颜色，返回值为用户最终选择颜色。

10.11　窗口、鼠标及键盘事件

10.11.1　窗口事件

JFrame 类是 Window 类的子类，Window 对象都可以触发 WindowEvent 事件，对应的接口是 WindowListener，该接口中有下面 7 个方法。可以使用 addWindowListenen 方法给窗口增加监视器，当然对应的类应该实现该接口所有的方法。

1. void WindowActivated(WindowEvent e)

当窗口从非激活状态到激活时，窗口的监视器调用该方法。

2. void WindowDeactivated(WindowEvent e)

当窗口激活状态到非激活状态时，窗口的监视器调用该方法。

3. void WindowClosing(WindowEvent e)

窗口正在被关闭时，窗口监视器调用该方法。

4. void WindowClosed(WindowEvent e)

当窗口关闭时，窗口的监视器调用该方法。

5. void WindowIconified(WindowEvent e)

窗口图标化时，窗口的监视器调用该方法。

6. void WindowDeiconified(WindowEvent e)

当窗口撤销图标化时，窗口的监视器调用该方法。

7. void WindowOpened(WindowEvent e)

当窗口打开窗口的监视器调用该方法。

由于该接口中有多个方法需要实现，而实际使用时往往只想响应其中一两个方法，这得多写很多方法，显得比较麻烦，所以我们引入该接口的适配器类 WindowAdater，该类已经实现了上述接口的所有方法，但是没有提供任何功能，我们可以继承这个类。

【例 10-17】 窗口事件实例。

```
import java.awt.*;
import java.awt.event.*;
import javax.swing.*;
public class EX10_17{
    public static void main(String args[ ]){
        MyWindow win=new MyWindow( );
    }
}
class MyWindow extends JFrame{
    MyWindow( ){
        addWindowListener(new WindowAdapter( ){        //匿名类对象作为监视器
                                public void WindowClosing(WindowEvent e){
                                    System.out.println("窗口最小化了");
//输出结果很快，一闪而过
                                }
                            });
        setBounds(100,100,150,150);
        setVisible(true);
        setDefaultCloseOperation(JFrame.EXIT_ON_CLOSE);
    }
}
```

10.11.2 鼠标事件

所有组件都能触发鼠标事件，MouseEvent 类负责捕捉鼠标事件，对应的接口为 MouseListenen，该接口中有以下一些方法。

1. void mousePressed(MouseEvent)

负责处理鼠标按下触发的鼠标事件。

2. void mouseReleased(MouseEvent e)

负责处理鼠标释放触发的鼠标事件。

3. void mouseEntered(MouseEvent e)

负责处理鼠标进入组件触发的鼠标事件。

4. void mouseExited(MouseEvent e)

负责处理鼠标退出组件触发的鼠标事件。

5. void mouseClicked(MouseEvent e)

负责处理鼠标单击或连击触发的鼠标事件。

事件对象调用下面方法可以获取相关信息。

1. Object getSource( )

返回事件源。

2. int getButton( )

返回单击的是鼠标的哪个键：BUTTON1、BUTTON2、BUTTON3，对应的值为 1、2、3，依次代表左键、中键、右键。

3. int getClickCount( )

获取鼠标连续单击的次数。

上述接口也有个对应的鼠标适配器类 MouseAdapter。

【例 10-18】 编写程序，实现当鼠标进入、单击、双击文本区的时候都在文本区中记录结果。

```
import java.awt.*;
import java.awt.event.*;
import javax.swing.*;
public class EX10_15{
   public static void main(String args[ ]){
      new MouseWindow( );
   }
}
class MouseWindow extends JFrame implements MouseListener{
   JTextArea textArea;
   MouseWindow( ){
      setLayout(new FlowLayout( ));
      addMouseListener(this);
      textArea=new JTextArea(18,18);
      textArea.addMouseListener(this);
      add(new JScrollPane(textArea));
      setBounds(100,100,350,280);
      setVisible(true);
      validate( );
      setDefaultCloseOperation(JFrame.EXIT_ON_CLOSE);
   }
   public void mousePressed(MouseEvent e){
      textArea.append("\n 鼠标按下,位置:"+"("+e.getX( )+","+e.getY( )+")");
   }
   public void mouseReleased(MouseEvent e){
      if(e.getSource( )==textArea)
        textArea.append("\n 在按钮上鼠标松开,位置:"+"("+e.getX( )+","+e.getY( )+")");
   }
   public void mouseEntered(MouseEvent e){
      if(e.getSource( )==textArea)
        textArea.append("\n 鼠标进入按钮,位置:"+"("+e.getX( )+","+e.getY( )+")");
   }
   public void mouseExited(MouseEvent e){}
   public void mouseClicked(MouseEvent e){
if(e.getModifiers( )==InputEvent.BUTTON3_MASK&&e.getClickCount( )>=2)
        textArea.setText("您双击了鼠标右键");
   }
}
```

10.11.3 键盘事件

当一个组件处于激活状态时，组件可以成为触发 KeyEvent 事件的事件源。当某个组件处于激活状态时，如果用户敲击键盘上一个键就导致这个组件触发 KeyEvent 事件。对应的接口为 KeyListenen，该接口中有以下一些方法。

1. void keyPressed(KeyEvent e)

负责处理键盘按下触发的键盘事件。

2. void keyTyped(KeyEvent e)

负责处理键盘按某个键触发的键盘事件。

3. void KeyReleased(KeyEvent e)

负责处理键盘按键释放触发的键盘事件。

KeyEvent 类的 getKeyCode( )可以获得所按键的键码值，而 getKeyChar( )可以获得所按键的字符。此外，KeyEvent 类对象调用 getModifiers( )方法的返回值可以用来判断组合键<Ctrl + C>。

e.getModifiers( )==InputEvent.CTRL_MASK&&e.getKeyCode( )==KeyEvent.VK_C

表 10.1　　　　　　　　　　　键码表

键码	键	键码	键
VK_Fl_VK_Fl2	功能键 F1～F12	VK_SEMICOLON	分号
VK_LEFT	向左箭头	VK_PERIOD	.
VK_RIGHT	向右箭头	VK_SLASH	/
VK_UP	向上箭头	VK_BACK_SLASH	\
VK_DOWN	向下箭头	VK_0～VK_9	0～9
VK_KP_UP	小键盘的向上箭头	VK_A～VK_Z	a～z
VK_KP_DOWN	小键盘的向下箭头	VK_OPEN_BRACKET	[
VK_KP_LEFT	小键盘的向左箭头	VK_CLOSE_BRACKET	]
VK_KP_RIGHT	小键盘的向右箭头	VK_UNMPAD0_VK_NUMPAD9	小键盘上的 0～9
VK_END	END	VK_QUOTE	单引号
VK_HOME	HOME	VK_BACK_QUOTE	单引号
VK_PAGE_DOWN	向后翻页	VK_ALT	Alt
VK_PAGE_UP	向前翻页	VK_CONTROL	Ctrl
VK_PRINTSCREEN	打印屏幕	VK_SHIFT	Shift
VK_SCROLL_LOCK	滚动锁定	VK_ESCAPE	Esc
VK_CAPS_LOCK	大写锁定	VK_NUM_LOCK	数字锁定
VK_TAB	制表符	VK_DELETE	删除
PAUSE	暂停	VK_CANCEL	取消
VK_INSERT	插入	VK_CLEAR	清除
VK_ENTER	回车	VK_BACK_SPACE	退格
VK_SPACE	空格	VK_COMMA	逗号
VK_PAUSE	暂停		

习　题

1. 常用的布局方式有哪些，每个软件界面的布局方式只有一种吗？
2. 使用树组件实现一个简单的电子书。
3. 设计一个简单的记事本软件，实现其部分功能。

第 11 章 多线程

多线程是指一个程序能并发完成不同的功能，正是由于这种并发性，使得我们能够在同一台计算机上同时完成网页浏览、图片欣赏和语音通话等事件。多线程机制是 Java 语言重要特性之一，它使得一个 Java 程序能够同时完成不同的工作任务，而且保证这些任务在实现过程中互不干扰，独立运行，这样就可以提高 Java 程序的执行效率，缩短程序执行时间。

11.1 线程的概念

在计算机操作系统中每一个运行的程序被称作进程，而每个进程中包含了多个独立指令序列，每个指令序列可以实现一项功能，这些指令序列就叫作线程。不同的线程具备不同的功能，也就是说线程使得一个程序可以实现多个功能。

计算机操作系统是一个时分操作系统，虽然计算机可以运行多个进程，但是这些进程并不是同时进行的。实际上，对于每个进程，计算机都会为其分配运行的时间，当一个进程的运行时间结束后就会进入等待状态，等待系统为其重新分配运行时间，而同时系统会自动跳转到另一个进程中。当一个进程获得运行时间后，进程会为其所包含的线程分配运行时间，当线程得到运行时间后，就会进入运行状态，直到运行时间结束。

11.2 线程的生命周期

如果说一个线程对应一个事件，那么每个事件都有事件的开始和结束，相应的线程也会随着事件的开始而开始，随着事件的结束而结束，也就是说，每个线程都是具有生命周期的。一个线程完整的生命周期包括新生、就绪、运行、等待、休眠、阻塞和死亡 7 种状态，而且这 7 种状态之间存在着转换关系，如图 11.1 所示。

1. 新生状态

当一个线程对象被创建之后就处于新生状态，此时该对象具有相应的内存的空间。处于新生状态的线程通过调用 start( )方法就可以使线程从新生状态进入到就绪状态。

2. 就绪状态

新生状态的线程在调用 start( )方法后就进入到了就绪状态，该状态的线程已经具有运行的条件，之所以不能运行是要等到 CPU 为其分配运行资源（如运行时间等）。在得到 CPU 分配的资

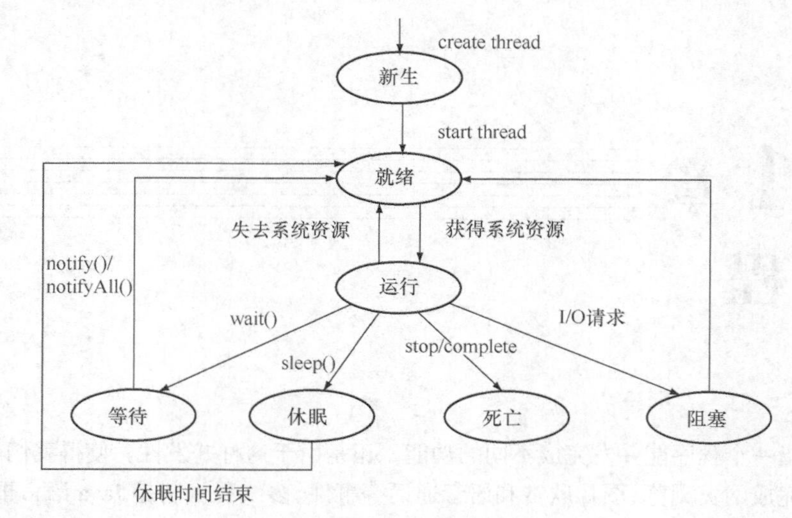

图 11.1 线程生命周期

源后，该线程会自动调用 run( )方法从而马上进入运行状态。

3. 运行状态

在运行状态的线程不会一直处于运行状态，其会根据不同的情况进入到线程声明周期的其他状态。

（1）当线程失去 CPU 分配的资源后，其就会恢复到就绪状态，等待 CPU 再次给它分配资源。

（2）当线程运行时调用 wait( )方法，会使线程进入等待状态，直到有线程使用 notify( )方法或 notifyAll( )方法将该线程唤醒。

（3）当线程运行时调用 sleep(time)方法，会使线程进入休眠状态，在 time 的时间内线程都不会执行，time 时间之后，该线程会自动进入就绪状态。

（4）当线程执行完毕后或被强行终止时，就会进入死亡状态。

（5）当线程遇到 I/O 请求时，就会进入阻塞状态。

4. 等待状态

等待状态是线程运行时调用 wait( )方法后进入的一种状态，在该状态，线程不会运行，除非有其他线程使用 notify( )方法或 notifyAll( )方法将该线程唤醒。处于等待状态的线程会让出自己的资源，当被唤醒后，需要 CPU 重新为其分配资源，所以，被唤醒的线程不能马上进入运行状态。

5. 休眠状态

休眠状态是线程运行时调用 sleep(time)方法后进入的一种状态，在该状态下同等待状态一样，线程不会运行，处于休眠状态的线程会让出自己的资源，当休眠结束后，也需要 CPU 重新为其分配资源。与等待状态不同的是，调用 sleep(time)方法进入休眠状态的线程不需要被唤醒，当其到达休眠时间时会自动苏醒，并进入就绪状态。

6. 阻塞状态

一个处于运行状态的线程在遇到某些特殊情况时，如 I/O 请求，那么该线程就会进入到阻塞状态，同时也会让出自己的资源，直到引起阻塞的原因消除后，如 I/O 请求完成，线程才会进入到就绪状态，等待 CPU 重新为其分配资源。

7. 死亡状态

线程的死亡状态是指线程在不重新被创建、启动的情况下永远不会再执行的情况。进入死亡状态的线程的所有资源包括其内存资源、CPU 分配的资源等都会消失。一般情况下，当线程执行完毕后就会进入死亡状态，当然，线程被强制终止时也会进入死亡状态。

11.3　线程的实现方式

线程的实现方式即是创建线程的方法。在 Java 中共有两种方式来创建线程：一个是通过继承 Thread 类；二是通过实现 Runnable 接口。

11.3.1 继承 Thread 类方式

Thread 类是 java.lang 包的一个类，该类中定义了许多创建、操作和处理线程的方法。通过集成 Thread 类来创建线程的一般语句格式如下。

```
public class CreateThread extends Thread{
    @Override                              //重写 run( )方法
    public void run( ){
    …                                  //run( )方法体
}
public static void main(String [ ]args){
CreateThread thread =new CreateThread( );    //创建线程
thread.strat( );                             //启动线程
}
}
```

继承 Thread 类时，首先要重写 Thread 类中的 run( )方法。run( )方法实际上是线程真正功能的体现，对 run( )方法的重写，实质是要为所创建的线程赋予相应的功能。线程创建后必须通过调用 start( )方法来启动线程，否则线程永远不会启动，同时该 start( )方法会自动调用相应的 run( )方法。

【例 11-1】 创建一个线程，计算 1～50 之间所有奇数之和。

```
public class Ch11_1 extends Thread{
    public void run( ){
    int sum=0;
    for(int i=1;i<=50;i++){
        if(i%2==0){
            continue;
        }
        sum=sum+i;
    }
    System.out.print("1~50 间所有奇数之和为: "+sum);
    }
public static void main(String[ ] args) {
     Ch11_1 thread=new Ch11_1( );
     thread.start( );
}
}
```

运行结果如图 11.2 所示。

问题　@ Javadoc　声明　控制台
<已终止> Ch2_1 [Java 应用程序] D:\Java\jdk1.7.0_25\bin\javaw.exe (
1~50间所有奇数之和为：625

图 11.2　使用继承 Thread 类方式创建线程

11.3.2　实现 Runnable 接口方式

由于 Java 不支持多重继承，因此当一个类必须是一个非 Thread 类的子类时，那么就不能使用继承 Thread 类的方式实现线程，而只能通过实现 Runnable 接口的方式创建线程。

通过实现 Runnable 接口的方式创建线程可以按照以下步骤完成。

（1）实现 Runnable 接口。实现 Runnable 接口的一般语法格式如下。

```
public class RunnableThread implements Runnable{ //实现 Runnable 接口
    @Override
    public void run( ){          //重写 run( )方法
      ......
 }
}
```

（2）创建 Runnable 对象。一般语法格式为：

Runnable target=new RunnableThread( );

（3）利用 Runnable 对象创建线程对象。Thread 类中提供了两种可以借助 Runnable 对象创建 Thread 对象的构造方法，分别是：

① public Thread(Runnable target)。

② public Thread(Runnable target, String name)。

因此，我们可以根据这两种构造方法创建 Tread 对象。

Tread rThread =new Tread(target);

（4）启动线程。通过调用 start( )方法启动该线程，如 rTread.start( )。

【例 11-2】 使用实现 Runnable 接口的方式创建一个线程，用于计算 1～50 之间偶数之和。

```
public class Ch11_2 implements Runnable{
    public void run( ){
    int sum=0;
    for(int i=1;i<=50;i++){
        if(i%2!=0){
            continue;
        }
        sum=sum+i;
    }
    System.out.print("1~50 间所有偶数之和为: "+sum);
    }
public static void main(String[ ] args) {
     Runnable target=new Ch11_2( );
    Thread rThread=new Thread(target);
    rThread.start( );
}
}
```

程序运行结果如图 11.3 所示。

问题 @ Javadoc 声明 控制台
<已终止> Ch2_1 [Java 应用程序] D:\Java\jdk1.7.0_25\bin\javaw.exe (2
1~50间所有偶数之和为：650

图 11.3 使用实现 Runnable 接口方式创建线程

11.4 线程的操作方法

Java 提供了许多操作线程的方法，本节将对这些方法进行详细介绍。

11.4.1 线程名称的设置和获取

在 Thread 类中定义了 setName( )方法用来设置线程的名称，同时定义了 getName( )方法用来获取线程的名称。一般情况下，需要在线程启动前为线程设置一个名称，若没有设置，则系统会为线程自动命名。另外，允许两个线程具有相同的名字，但是在实际使用过程中应尽量避免这种情况的发生。

setName( )的语法格式如下。

public final void setName(String name)

getName( )的语法格式如下。

public final String getName( )

【例 11-3】 创建一个线程，分别用 setName( )方法和 getName( )方法来设置和获取线程名称。

```
public class Ch11_3 extends Thread{
    public void run( ){
     System.out.println(Thread.currentThread( ).getName( )+"在运行! ");
    }
public static void main(String[ ] args) {
    Ch11_3 thr1=new Ch11_3( );
    thr1.start( );
    Ch11_3 thr2=new Ch11_3( );
    thr2.setName("secThread");
    thr2.start( );
}
}
```

程序运行结果如图 11.4 所示。

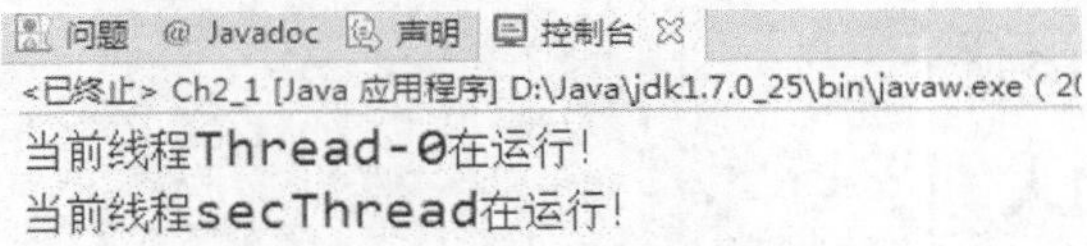

问题 @ Javadoc 声明 控制台

<已终止> Ch2_1 [Java 应用程序] D:\Java\jdk1.7.0_25\bin\javaw.exe (20

当前线程Thread-0在运行!

当前线程secThread在运行!

图 11.4 线程名称的设置和获取

上例中，线程 thr1 启动线程时没有为线程设置名称，系统自动为其分配了一个名称“Thread-0”；线程 thr2 启动前，通过 setName( )方法为 thr2 设置了名称“secThread”。

11.4.2 线程休眠

线程休眠是指线程在运行过程中能够被暂停执行。线程的休眠是通过 sleep( )方法实现的。sleep( )的语法格式为：

public static void sleep(long millis)

sleep( )方法的参数用于表示线程休眠的时间，在这个时间段内，线程会处于暂停状态，超过这个时间后，线程会醒过来。但是，在实际运行过程中，虽然设置了线程的休眠时间，但是不能保证线程一定能苏醒过来，如果由于某些原因线程不能醒来，那么就会抛出一个 Interrupted Excepiton 异常，所以，在调用 sleep( )方法时必须要将该方法放置在 try/catch 语句中。

【例 11-4】 创建线程，使得在线程运行时，可以在窗体中绘制随机颜色的圆。

```
public class Ch11_4 extends JFrame{
private static final long serialVersionUID = 6428994693131859207L;
static Color[ ] color = { Color.BLACK, Color.BLUE, Color.GREEN, Color.ORANGE,
```

```
Color.YELLOW, Color.RED};
        static final Random rand = new Random( );
        static Color getColor( ) {
            return color[rand.nextInt(color.length)];
        }
        public Ch11_4( ) {
         Thread  t = new Thread(new Runnable( ) {
                int x = 60;
                int y = 80;
                public void run( ) {
                    while (true) {
                        try {
                            Thread.sleep(1000);
                        } catch (InterruptedException e) {
                            e.printStackTrace( );
                        }
                        Graphics graphics = getGraphics( );
                        graphics.setColor(getColor( ));
                        graphics.fillOval(x, y, 80, y);
                    }
                }
            });
            t.start( );
        }
        public static void main(String[ ] args) {
         Ch11_4 frame=new Ch11_4( );
         frame.setDefaultCloseOperation(JFrame.EXIT_ON_CLOSE);
             frame.setSize(200, 200);
             frame.setVisible(true);
        }
    }
```

程序运行结果如图 11.5 所示。

图 11.5　sleep( )方法的使用

11.4.3　线程加入

线程加入是指某一个线程可以加入到另一个线程中。假如存在两个线程 Thread1 和 Thread2，其中线程 Thread1 正在运行，其在运行期间可以要求线程 Thread2 加入。其实质是当某个正在运行的线程（Thread1）要求其他线程（Thread2）加入时，当前正在运行的线程（Thread1）将暂停运行，同时，被加入的线程（Thread2）开始运行，直到 Thread2 运行结束后，线程 Thread1 才会继续运行。线程加入需要使用的方法是 join( )方法，其语法格式为：

public final void join( )

调用 join( )方法时也可能会抛出 InterruptedException 异常，因此，join( )方法在使用时也需要放置在 try/catch 语句中。

【例 11-5】 定义两个线程 thA 和 thB，thA 负责输出 1～10 之间的所有整数，thB 负责输出 11～20 之间的所有整数，并且当 thA 输出数字到 5 时，thB 加入，并且当 thB 运行结束后，thA 继续运行。

```
public class Ch11_5{
class Inner implements Runnable{
    public void run( ){
        for(int i=1;i<=10;i++){
            try {
              Thread.sleep(1000);
```

```
            } catch (InterruptedException e1) {
                e1.printStackTrace( );
            }
            System.out.print(i+" ");
            if(i==5){
                try {
                    thB.start( );
                    thB.join( );
                } catch (InterruptedException e) {
                    e.printStackTrace( );
                }
            }
        }
    }
}

class Inner0 implements Runnable{
    public void run( ){
        for(int j=11;j<=20;j++){
            try {
                Thread.sleep(1000);
            } catch (InterruptedException e) {
            e.printStackTrace( );
            }
            System.out.print(j+" ");
        }
    }
}
Runnable r1=new Inner0( );
Thread thB=new Thread(r1);
    public static void main(String[ ] args) {
    Ch11_5 ch=new Ch11_5( );
    Runnable r=ch.new Inner( );
    Thread thA=new Thread(r);
    thA.start( );
    }
}
```

程序运行结果如图 11.6 所示。

问题 @ Javadoc 声明 控制台 ☒
<已终止> Ch2_1 [Java 应用程序] D:\Java\jdk1.7.0_25\bin\javaw.exe (2014年4月7日 下午9:22:37)
1 2 3 4 5 11 12 13 14 15 16 17 18 19 20 6 7 8 9 10

图 11.6　join( )方法的使用

11.4.4　线程中断

当一个线程正在运行时，可以被中断，此时所调用的方法是 interrupt(　)，其定义的语法格式如下。

public void interrupt( )

【例 11-6】定义一个线程 thA 输出 1～10 之间的所有整数，并使用 interrupt( )方法中断线程。

```
public class Ch11_6{
class Inner implements Runnable{
    public void run( ){
        for(int i=1;i<=10;i++){
```

```
                        System.out.print(i+" ");
                        try {
                            Thread.sleep(1000);
                        } catch (InterruptedException e1) {
                            System.out.print("线程被中断! ");
                        }
                    }
                }
            }
            public static void main(String[ ] args) {
            Ch11_6 ch=new Ch11_6( );
            Runnable r=ch.new Inner( );
            Thread thA=new Thread(r);
            thA.start( );
            thA.interrupt( );
            }
        }
```

程序运行结果如图 11.7 所示。

问题 @ Javadoc 声明 控制台
<已终止> Ch2_1 [Java 应用程序] D:\Java\jdk1.7.0_25\bin\javaw.exe
1 线程被中断! 2 3 4 5 6 7 8 9 10

图 11.7 interrupt( )方法的使用

innterrupt( )方法能够中断线程，但不能完全终止线程的运行。在本题中，当线程执行第一个循环后，线程的休眠被中断了，所以数字“1”和“2”之间的输出间隔不到 1 秒。

11.4.5 判断线程是否启动

在一个程序中设置多个线程时，需要在该程序运行过程中判断所有的线程是否都已启动，若线程没有启动，则程序就不能实现其相应的功能。在 Java 中提供了 isAlive( )方法来判断某一线程是否启动。isAlive( )方法的语法格式如下。

public final boolean isAlive( )

【例 11-7】 定义一个线程 thA，判断该线程是否启动，如果启动则输出线程已启动，否则输出线程未启动。

```
public class Ch11_7 implements Runnable{
public void run( ){
}
   public static void main(String[ ] args) {
    Runnable r=new Ch11_7( );
    Thread thA=new Thread(r);
    if(thA.isAlive( )){
        System.out.print("线程 thA 已启动");
    }
    else{
        System.out.print("线程 thA 未启动");
    }
    thA.start( );
   }
}
```

程序运行结果如图 11.8 所示。

问题 @ Javadoc 声明 控制台
<已终止> Ch2_1 [Java 应用程序] D:\Java\jdk1
线程thA未启动

图 11.8 isAlive( )方法的使用

需要注意的是，当把 if 从句放置在“thA.start( )”语句之后时，该程序运行的结果就变为“线程 thA 已启动”，因为此时已经调用了 start( )方法启动了线程。

11.5 线程的管理

11.5.1 线程优先级

Java 程序中可以为所有线程设置线程优先级，其目的是使优先级高的线程优先开始运行，但是需要注意的是，虽然某一个线程被设置了较高的优先级，但是这并不意味着该线程一定会优先运行，只是表示该线程从就绪状态进入运行状态的概率比较大。

线程优先级的设置需要使用 Thread 类中定义的 setPriority( )方法，其定义的语法格式如下。

public final void setPriority(int newPriority)

setPriority( )方法的参数为一个整型类型，可以用一些标识符常量作为其参数，比如 Java 中使用常量 MIN_PRIORITY 表示线程优先级为 1，NORM_PRIORITY 的优先级为 5，而 MAX_PRIORITY 的优先级为 10；也可以直接用 1～10 之间的整数来设置线程优先级，比如有一线程 thread，则 thread.setPriority(5)就表示该 thread 线程的优先级为 5；另外，也可以使用标识符常量加上一个正整数来设置优先级，比如 thread.setPriority(MIN_PRIORITY+2)就表示该线程的优先级为 3。当线程的优先级被设置在 1～10 之外时，程序将会产生一个 IllegalArgumentException 异常。

【例 11-8】 创建 3 个线程，分别为这 3 个线程设定优先级，然后观察它们的执行顺序。

```
public class Ch11_8 {
class Fthread extends Thread{
      public void run( ){
           for(int i=1;i<10;i++){
                 System.out.print(i+" ");
           }
      }
}
class Sthread extends Thread{
      public void run( ){
           for(int j=10;j<20;j++){
                 System.out.print(j+" ");
           }
      }
}
class Tthread extends Thread{
      public void run( ){
           for(int x=20;x<30;x++){
                 System.out.print(x+" ");
           }
      }
```

```
    }
    void startThread( ){
         Fthread thread1=new Fthread( );
         Sthread thread2=new Sthread( );
         Tthread thread3=new Tthread( );
         thread1.setPriority(1);
         thread2.setPriority(5);
         thread3.setPriority(10);
         thread1.start( );
         thread2.start( );
         thread3.start( );
    }
         public static void main(String[ ] args){
              Ch11_8 com=new Ch11_8 ( );
              com.startThread( );
         }
    }
```

程序运行结果如图 11.9 所示。

```
问题 @ Javadoc 声明 控制台 ☒
<已终止> Comment [Java 应用程序] D:\Java\jdk1.7.0_25\bin\javaw.exe ( 2014年4月8日 下午8:57:53 )
20 21 22 1 10 2 23 3 11 4 24 25 26 27 28 5 12 13 14 15 16 17 18 19 6 29 7 8 9
```

图 11.9 线程优先级的应用

本例中，共定义了 3 个线程 thread1、thread2 和 thread3，它们的优先级依次为 1、5 和 10，因此程序运行时 thread3 这个线程首先调用了 start( )方法。但是需要再次强调，优先级高的线程并不能一定优先运行，上面的程序在每次运行时都可以得到不同的结果，这些不同的结果正好说明了这个观点，如图 11.10 所示。

```
问题 @ Javadoc 声明 控制台 ☒
<已终止> Comment [Java 应用程序] D:\Java\jdk1.7.0_25\bin\javaw.exe ( 2014年4月8日 下午9:05:02 )
10 20 21 22 23 24 25 26 27 28 29 11 12 13 14 15 16 17 18 19 1 2 3 4 5 6 7 8 9
```

图 11.10 线程优先级其他运行结果

上图是程序的又一运行结果，该结果表明，虽然 thread2 的线程优先级比 thread3 的优先级低，但其却能比 thread3 优先运行。

11.5.2 线程同步

Java 提供的多线程使得 Java 程序具有了并发的功能，这种并发功能在各个线程之间没有资源共享时，都能够被顺利执行，这大大提高了计算机的处理能力。然而，当线程之间存在资源共享时，就需要对存在资源共享的线程的运行进行协调，并规定哪个线程先使用资源，同时还要保证当某一线程使用资源时，其他线程不能使用该资源，这种协调具有共享资源的线程的方法就是线程的同步。比如，当企业只有一辆货车可以运输货物而需要运输的货物又较多时，企业就会对货物进行协调，哪些货物需要先运输，而当货车开始运输时，其他的货物就不能再装车了。

在 Java 中使用 synchronized 关键字来实现线程的同步，它会对其所有的区域加锁。而当把对共享资源的操作放置在 synchronized 区域内时，每个线程需要在对这些资源进行操作前获得这个锁，获得锁的线程可以对区域内的资源进行操作，其他线程需等待该线程执行完毕并把锁释放后才能获取锁并操作资源。总之，synchronized 关键字每次只允许一个线程操作其内部的资源。

【例 11-9】企业货车运货的问题，分别使用同步机制和不是同步机制，观察程序运行的结果。

使用同步机制如下。

```
public class Comment extends Thread{
static int car=1;
public void run( ){
      while(true){
      synchronized(""){
      if(car>0){
            try {
                  sleep(1000);
            } catch (InterruptedException e) {
                  e.printStackTrace( );
            }
            car..;
            System.out.println("我是"+Thread.currentThread( ).getName( )+"，我获得了
货车资源！");

      }
      else{
          break;
      }
  }
}
}
      public static void main(String[ ] args){
          Comment thread1=new Comment( );
          Comment thread2=new Comment( );
          thread1.start( );
          thread2.start( );
      }
  }
```

程序运行结果如图 11.11 所示。

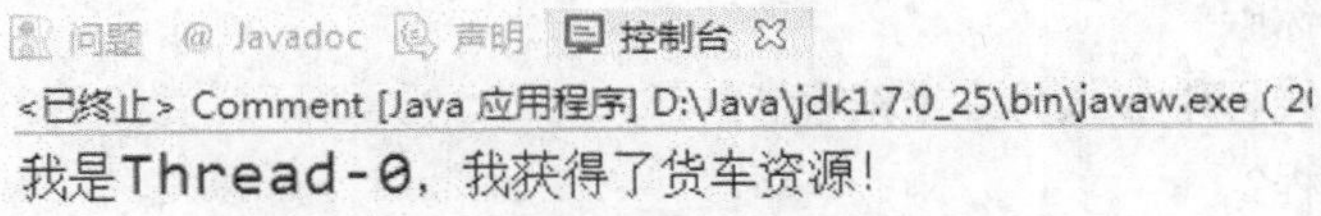

问题 @ Javadoc 声明 控制台

<已终止> Comment [Java 应用程序] D:\Java\jdk1.7.0_25\bin\javaw.exe (2(

我是Thread-0，我获得了货车资源！

图 11.11　使用同步机制线程运行结果

不使用同步机制时执行情况如下。

```
public class Comment extends Thread{
static int car=1;
public void run( ){
      while(true){
      if(car>0){
            try {
                  sleep(1000);
            } catch (InterruptedException e) {
                  e.printStackTrace( );
            }
            car..;
            System.out.println("我是"+Thread.currentThread( ).getName( )+"，我获得了货
车资源！");

      }
```

```
        else{
            break;
        }
    }
}
    public static void main(String[ ] args){
        Comment thread1=new Comment( );
        Comment thread2=new Comment( );
        thread1.start( );
        thread2.start( );
    }
}
```

程序运行结果如图 11.12 所示。

```
问题 @ Javadoc 声明 控制台 ☒
<已终止> Comment [Java 应用程序] D:\Java\jdk1.7.0_25\bin\javaw.exe (
我是Thread-0，我获得了货车资源!
我是Thread-1，我获得了货车资源!
```

图 11.12　不是同步机制时线程运行结果

通过上述两个程序可以看出，在不使用同步机制时，两个线程（货物）都获得了货车资源，而当使用同步机制时，只有一个货物获得了货车资源。

习　题

1. 线程的生命周期有哪几个阶段，并简述之。
2. 简述线程的两种实现方式。
3. 如何设置和获取线程的名称？
4. 如何使线程休眠？
5. 如何在一个线程中加入另一个线程？
6. 如何中断线程？
7. 如何判断线程是否已经启动？
8. 线程的优先级有哪些？如何设置线程的优先级？
9. 如何实现线程同步？

第 12 章 Java 数据库编程

本章对 Java 数据库编程方面的基础内容进行介绍，重点讲解利用 JDBC 驱动程序对 SQL Server 2005 数据库进行操作。其中，对于使用 ODBC-JDBC 方式和 JDBC 直接连接数据库方式进行数据库的连接步骤及对数据库的查询、添加、更新和删除进行详细的分析讲解，并给出在 Java Application 中进行数据操作的代码。

12.1 数据库基础知识

12.1.1 数据库技术介绍

随着计算机技术的发展，人类对数据处理由早期的人工或机械的数据处理阶段进入到了计算机数据处理阶段。同时，随着计算机软件技术和硬件的不断发展，计算机数据处理阶段经历了从手工管理、文件系统管理到数据库系统 3 个阶段。20 世纪 50 年代中期以前主要是手工管理阶段。50 年代后期到 60 年代中期是文件系统管理阶段。60 年代后期进入数据库系统管理阶段，此阶段管理的数据不再只针对某一特定的应用，而是面向整体的结构，共享性高，冗余度减少，具有一定的程序与数据之间的独立性，并且对数据进行统一的控制。

1．数据库系统的产生和发展

数据库系统起源于 20 世纪 60 年代后期，它能够有效地存储和管理大量的数据，使数据得到充分的共享、数据冗余大大减少，数据与应用程序彼此独立，并提供数据的安全性和完整性统一机制。用户可以用命令方式或程序方式对数据库进行操作，方便而高效。数据库系统的优越性使其得到迅速发展和广泛应用。数据库系统的发展可以分为 3 代。

第一代数据库系统是层次数据库系统和网状数据库系统，分别支持层次和网状数据模型。层次数据库是数据库系统的先驱，而网状数据库则是数据库概念、方法和技术的奠基。层次数据库系统和网状数据库系统共同的特点就是支持三级模式（外模式、模式和内模式）的体系结构。

第二代数据库系统是关系数据库系统，支持关系数据类型。它包括相互联系的数据集合（数据库）和存取这些数据的一套程序（数据库管理系统软件）。关系数据库管理系统就是管理关系数据库，并将数据组织为相关的行和列的系统。MYSQL、SQL Server 就是关系数据库管理系统（RDBMS）。

第三代数据库系统是对象-关系模型的数据库系统。第三代数据库系统要能支持数据管理、对象管理和知识管理，必须保持和继承第二代数据库系统的技术，必须对其他系统开放，具有良好的可移植性、可连接性、可扩展性和互操作性。它是尚未成熟的一代数据库系统。

2. 数据库系统的组成

数据库系统（DBS）通常是指带有数据库的计算机应用系统，它不仅包括数据库本身，即实际存储在计算机中的数据，还包括相应的硬件、软件和各类人员。

（1）数据库（DataBase，DB）：长期存储在计算机内的、有组织、可共享的数据的集合。数据库中的数据按一定的数学模型组织、描述和存储，具有较小的冗余，较高的数据独立性和易扩展性，并可为各种用户共享。

（2）硬件：构成计算机系统的各种物理设备，包括存储所需的外部设备。硬件的配置应满足整个数据库系统的需要。

（3）软件：包括操作系统、数据库管理系统及应用程序。数据库管理系统（DataBase Management System，DBMS）是数据库系统的核心软件，是在操作系统的支持下工作的，解决如何科学地组织和存储数据，如何高效获取和维护数据的系统软件。其主要功能包括：数据定义功能、数据操纵功能、数据库的运行管理和数据库的建立与维护。

（4）人员：主要有 4 类，分别为系统分析员和数据库设计人员、应用程序员、最终用户、数据库管理员（Data Base Administrator，DBA）。他们在数据库系统中有不同的分工和职责。

3. 关系模型与关系数据库

关系模型是目前应用最为广泛的一种数据模型。在关系模型中，现实世界的实体以及实体间的各种联系均用关系来表示。在用户看来，关系模型中数据的逻辑结构是一张二维数据表。表中的每一列称为一个字段，每一行称为一条记录。这种用二维表的形式来表示实体和实体间联系的数据模型就称为关系模型。关系模型要求关系必须是规范化的。关于规范化理论，已经超出本书的讨论范围，读者可参阅数据库理论方面的书籍了解规范化概念。关系模型如表 12.1 所示。

表 12.1　　教师关系模型

工　号	姓　名	性　别	系　别
01001	张兰	女	艺术系
03003	李英	女	计算机系
04009	王云	女	体育系

在关系模型中，一个关系就是一张二维表，关系表中的每一列描述实体的某一属性称为字段。每个字段都有自己的属性，如字段名、数据类型和长度等。在表 12.1 中，第 3 个字段的名称是“性别”，数据类型为字符型，数据长度为 2 个字节。数据表中除第一行用来存放字段名外，每一行描述一个实体实例，称为记录或元组。在表 12.1 中，每一条记录描述一个教师实例。在关系表中的所有属性中，能够用来唯一标识记录的属性或属性的组合，称为“关键字”。关系表中的记录由关键字的值来唯一确定。如表 12.1 中，工号是教师关系的关键字。关系模型中要求数据表中任意两条记录都不完全相同。完全相同就是指两条记录的所有对应字段的值都相同。

创建在关系模型基础上的数据库就称为关系数据库系统。目前主要的关系型数据库有：Oracle、SQL Server 和 Access 等。

12.1.2　SQL 语言介绍

SQL 全称是“结构化查询语言（Structured Query Language）”，按照 ANSI（美国国家标准协会）的规定，SQL 被作为关系型数据库管理系统的标准语言。SQL 语句可以用来执行各种各样的操作。例如，更新数据库中的数据，从数据库中提取数据等。目前，绝大多数流行的关系型数据库管理系统（如 Oracle、SQL Server、Access 等）都采用了 SQL 语言标准。

1. 数据查询功能

SQL 是一种查询功能很强的语言，它使用 select 语句进行数据库的查询操作，其语句的一般格式如下。

select　字段 1[,字段 2,…]from 表名[where 限制条件];

其中，[ ]表示可选项。

使用 select 语句可以分为以下几种情况。

（1）查询表中的所有数据。当查询没有限制条件时，不需要编写 where 子句，此时返回或显示表中的所有数据。这是 select 语句最简单的情况。

例如，查询人员基本信息表 basicinfor 中所有记录。

select　*　from　basicinfor;

在 SQL 语言中，字段名称处使用通配符“*”，表示查询表中的所有字段。

（2）查询表中指定列的数据。有时不需要从表中返回所有列中的数据，只需要指定几个列的数据时，就需要在 select 语句中明确的指定从哪些列中取得数据。

例如，检索人员基本信息表 basicinfor 中“姓名”和“系别”两个字段的数据。

select　姓名,系别　from　basicinfor;

（3）利用 where 条件从句进行选择查询。一个数据表中存放着大量相关的记录数据。实际使用时，往往只需要其中满足要求的部分记录。select 语句中的 where 可选从句用来规定哪些数据值或哪些行将被作为查询结果返回或显示。在 where 条件从句中可以使用以下一些运算符来设定查询标准。

=（等于）、〉（大于）、<（小于）、<>(不等于)、>=（不小于）、<=（不大于）

除了这些运算符之外，在 where 条件从句中可以使用 LIKE 运算符来设定只选择与用户指定内容相同的记录。此外，还可以使用通配符“%”来代替任何字符串，常用于模糊查询。

例如，检索人员基本信息表 basicinfor 中“王”姓的所有人员记录。

select * from basicinfor where 姓名 like ‘王%’;

2. 数据操纵功能

数据操纵功能包括 update 操作、insert 操作和 delete 操作语句。

（1）数据更新操作 update 语句。SQL 语言使用 update 语句更新或修改满足规定条件的现有记录。update 语句的格式为：

update 表名 set 字段 1 = newvalue1 [, 字段 2 = newvalue2…] where 限制条件;

例如，更新人员基本信息表 basicinfor 表中“姓名”字段为“王语”所在的“系别”。

update basicinfor set 系别=‘体育’ where 姓名=‘王语’;

使用 update 语句时，关键一点就是要设定好用于进行判断的 where 条件从句。

（2）数据插入操作 insert 语句。SQL 语言使用 insert 语句向数据库表格中插入或添加新的数据行。

insert 语句的使用格式如下。

insert into 表名 (字段 1,…, 字段 n) values (first_value,…, last_value);

例如，向 basicinfor 表中添加一条记录。

insert into basicinfor (工号, 姓名, 系别,性别) values (0202,‘陈红’,‘计算机’,‘女’);

简单来说，当向数据库表格中添加新记录时，在关键词 insert into 后面输入所要添加的表格名称，然后在括号中列出将要添加新值的列的名称。最后，在关键词 values 的后面按照前面输入的列的顺序对应的输入所有要添加的记录值。

（3）数据删除操作 delete 语句。SQL 语言使用 delete 语句删除数据库表格中的行或记录。delete 语句的格式如下。

delete from 表名 where 限制条件;

例如，删除 basicinfor 表中姓名为“陈红”的记录。

delete from basicinfor where 姓名 =‘陈红’;

简单来说，当需要删除某一行或某个记录时，在 delete from 关键词之后输入表格名称，然后在 where 从句中设定删除记录的判断条件。注意，如果用户在使用 delete 语句时不设定 where 从句，则表格中的所有记录将全部被删除。

12.1.3 SQL Server 数据库管理系统

SQL Server 是目前比较流行的数据库管理系统，是基于结构化查询语言（SQL）的可伸缩的关系型数据库。该系统具有强大功能的 GUI（图形用户界面），是实现电子商务、数据仓库和在线商务解决方案的卓越的数据库平台。所以，本节专门对 SQL Server 2005 数据库管理系统进行介绍。本书使用的数据库管理系统是 SQL Server 2005。（读者可以选择任何熟悉的数据库管理系统学习本章的内容）

1. 新建数据库

选择“开始|程序|Microsoft SQL Server 2005| SQL Server Management Studio”命令，打开 SQL Server Management Studio，连接到 SQL Server 2005 数据库实例。具体步骤如下。

（1）展开 SQL Server 实例，右键单击“数据库”，然后在弹出的菜单中选择“新建数据库”。

（2）在打开的“新建数据库”对话框中，设置数据库的名称和设置数据库文件的相应信息，包含路径、初始大小、文件组及文件的相关属性。这里设置的数据库名称为“student”。

（3）设置完成后，单击“确定”按钮，数据库“student”就创建好了。但这个数据库是空的，还需要在其中建立一系列的数据表。

具体步骤如图 12.1 ~ 图 12.3 所示。

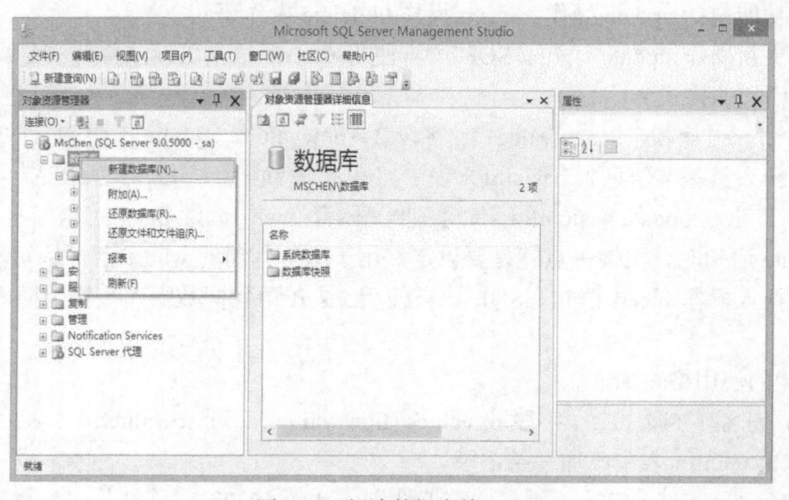

图 12.1 新建数据库第 1 步

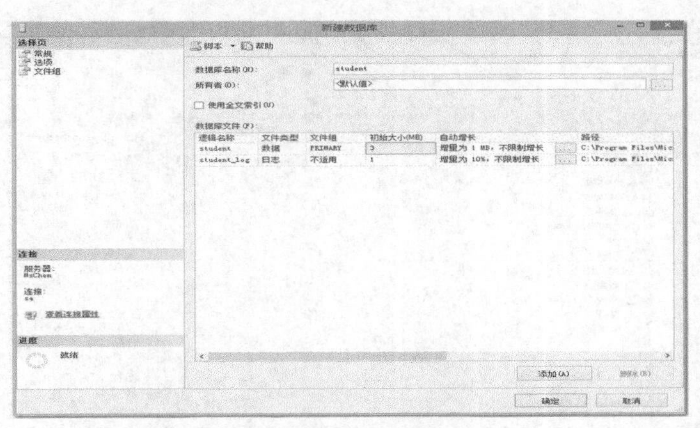

图 12.2　新建数据库第 2 步

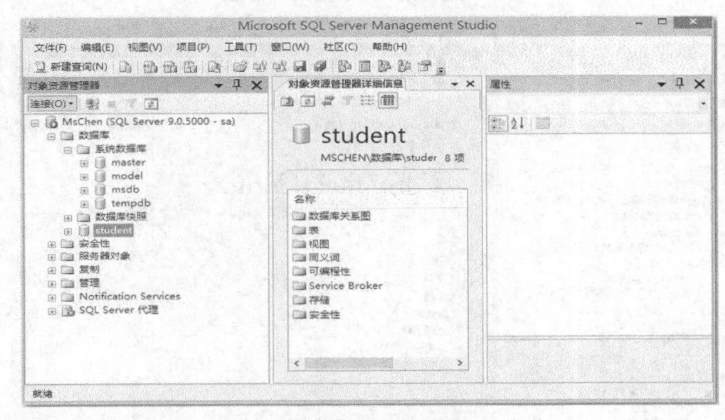

图 12.3　数据库建立完成

2. 新建表

在数据库中创建数据表，这里以在“student”数据库中创建表“teacherinfor”为例，按如下步骤进行。

（1）展开选定的“student”数据库。在表节点上单击鼠标右键，并选择“新建表”命令。

（2）在弹出的表设计器中设置各列属性。

（3）单击工具栏上的“保存”按钮。这样表“teacherinfor”就创建完成。

具体步骤如图 12.4～图 12.6 所示。

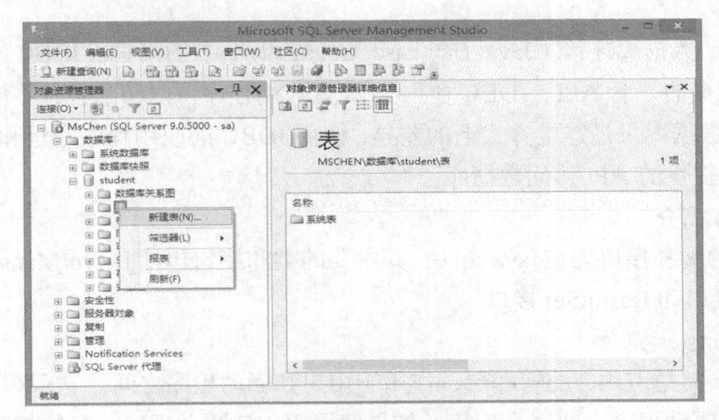

图 12.4　新建表

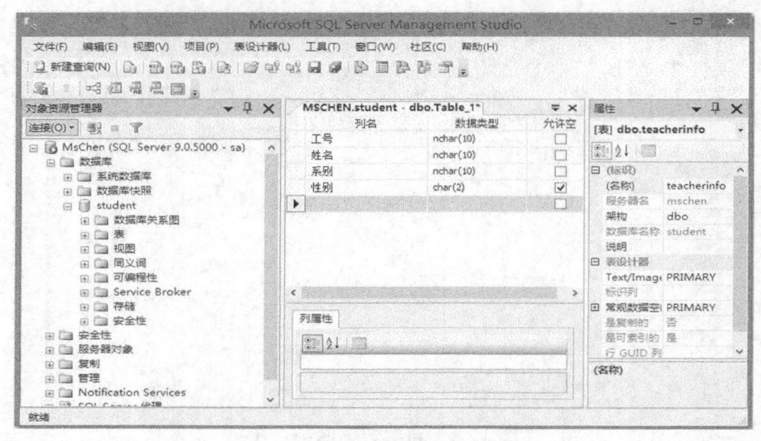

图 12.5　设置表列属性

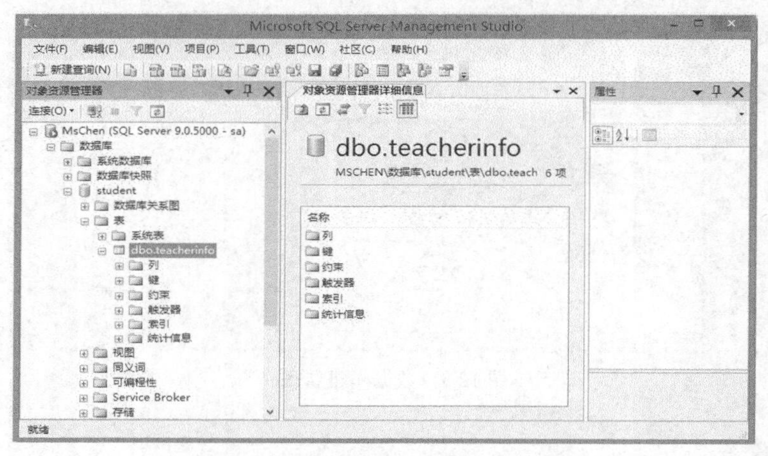

图 12.6　表建立完成

12.2　通过 JDBC 访问数据库

12.2.1　JDBC

JDBC 是 Java 数据库连接（Java Database Connectivity）的简称。JDBC 是 Java 语言专门提供的用于访问数据的一套 API。JDBC 使得 Java 客户端程序可以访问各种不同类型的数据库。JDBC 操作不同的数据库只是连接方式上的差异，使用 JDBC 的应用程序一旦和数据库建立连接，就可以使用 JDBC 提供的 API 访问数据库。

1. JDBC API 简介

JDBC API 中的类和接口均在 java.sql 中，其主要的类和接口包括 DriverManager 类、Connection 接口、Statement 接口和 ResultSet 接口。

（1）DriverManager 类

DriverManager 类是 JDBC 的管理层，作用于用户和驱动程序之间。它跟踪可用的驱动程序，并在数据库和相应驱动程序之间建立连接。如果使用 JDBC 驱动程序，必须加载 JDBC 驱动程序并向 DriverManage 注册后才能使用。加载和注册驱动程序可以使用 Class.forName( )方法来完成。

（2）Connection 接口

Connection 接口抽象了大部分与数据库的交互活动。通过它建立与数据库的连接，并拥有创建 SQL 语句的方法，以完成基本的 SQL 操作，同时为数据库事务提供提交和回滚方法。由 DriverManager.getConnection( )方法创建 Connection 对象，建立起一条 Java 应用程序连接数据库的通道。

（3）Statement 接口

当建立连接后，可以向数据库发送 SQL 语句，访问数据库和读取访问的结果。Statement 接口可以在连接中执行和处理 SQL 语句。该接口提供的常用成员方法有：

① executeUpdate( )方法，用于执行 SQL 的 insert、delete 和 update 语句。

② executeQuery( )方法，用于执行 SQL 的 select 语句，它的返回值是执行 SQL 语句后产生的一个 ResultSet 接口的实例（结果集）。

③ close( )方法，释放此 Statement 对象的数据库和 JDBC 资源。

（4）ResultSet 接口

ResultSet 对象表示数据库结果集的数据表，通常通过执行查询数据库的语句生成。ResultSet 对象具有指向当前数据行的指针。最初，指针被置于第一条记录之前。可以通过 next( )方法将指针移动到下一条记录。

2. 使用 JDBC 访问数据库步骤

Java 使用 JDBC 访问数据库的一般步骤如下。

① 得到数据库驱动程序。

② 创建数据库连接。

③ 创建执行 SQL 的对象。

④ 执行 SQL，并返回结果。

⑤ 处理返回结果。

⑥ 关闭数据库连接。

12.2.2 连接数据库

要对数据库进行各种操作，必须先建立与数据库的连接，JDBC 连接数据库主要通过两种方式。

（1）JDBC-ODBC 方式。JDBC-ODBC 方式基于 JDBC 程序能够通过传统的 ODBC 驱动程序访问数据库。由于大多数的数据库系统都带有 ODBC 驱动程序，因此利用此方式可以使 JDBC 能够访问几乎所有的数据库。

（2）JDBC 直接连接数据库。这种连接方式需要数据库的 JDBC 驱动程序，而这个驱动程序系统里没有，它是由各个数据库厂商提供的，以.jar 文件形式存在。因此需要另外提供。

1. JDBC-ODBC 方式

这种方式只要安装数据库相应的 ODBC 驱动程序和 JDBC-ODBC 驱动程序即可。许多数据库本身带有 ODBC 驱动程序，而 JDBC-ODBC 驱动程序是在安装 JDK 时同时安装的。使用此方式首先需要配置数据源，然后再连接数据库。

（1）配置数据源

选择“开始|控制面板|系统和安全|管理工具|ODBC 数据源”，打开“ODBC 数据源管理器”，选择“系统 DSN”，单击“添加”按钮，可以创建新的数据源，如图 12.7 所示。

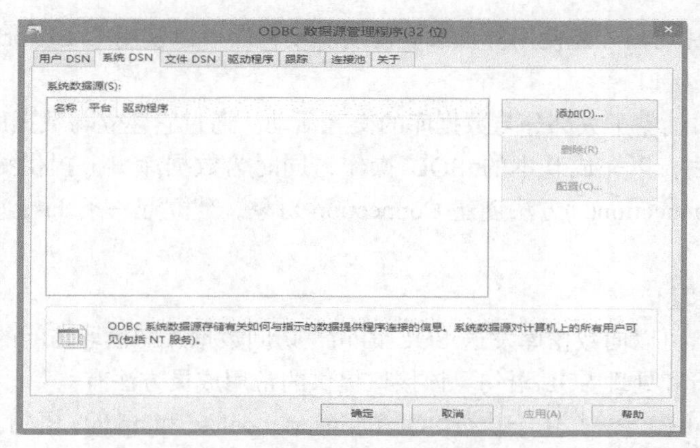

图 12.7　创建数据源

为数据源选择驱动程序，这里选用的数据库为 SQL Server 2005，所以选择 SQL Server。如图 12.8 所示。

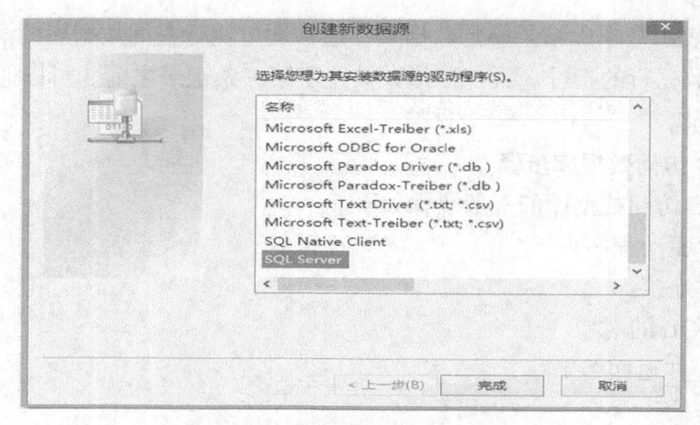

图 12.8　为数据源选择驱动程序

填写数据源的名称和描述信息，在“数据源”文本框中为数据源起一个自己喜欢的名字，这里数据源名称设置为“stu”。这个“stu”数据源就是指数据库“student”。最后选择连接的服务器，这里服务器名称为“MSCHEN”。如图 12.9 所示。

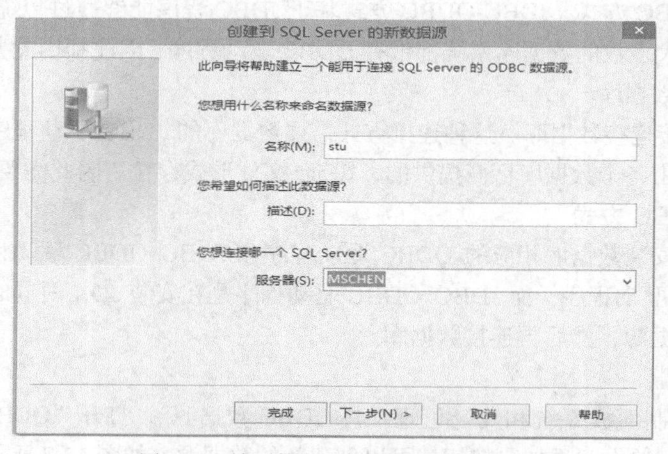

图 12.9　填写数据源信息和对应服务器

单击“下一步”按钮，选择登录方式，这里是以用户输入登录 ID 和密码的 SQL Server 验证，所以需要输入登录 ID 和密码。这里设置的 ID:sa，密码：123，如图 12.10 所示。

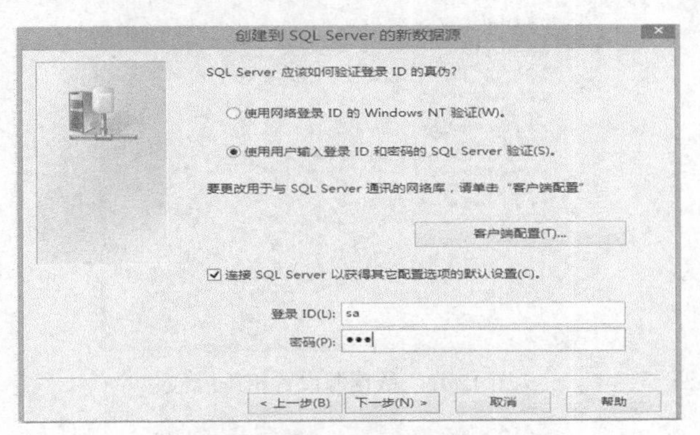

图 12.10　选择登录方式

单击“下一步”按钮，更改默认的数据库，选择需要配置的数据库，这里选择“student”数据库，如图 12.11 所示。

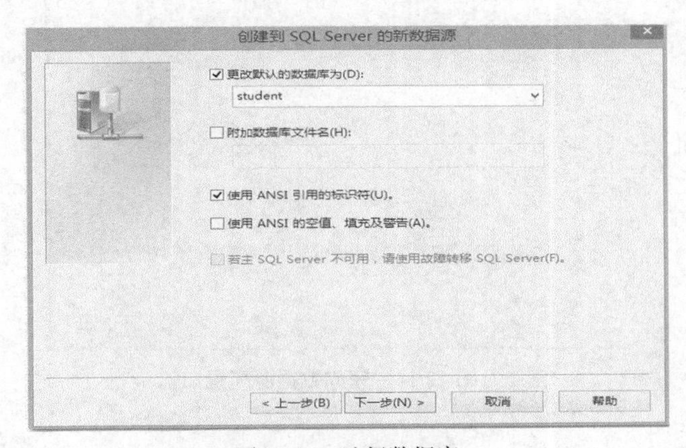

图 12.11　选择数据库

单击“下一步”按钮，保持默认，单击“完成”按钮，如图 12.12 和图 12.13 所示。

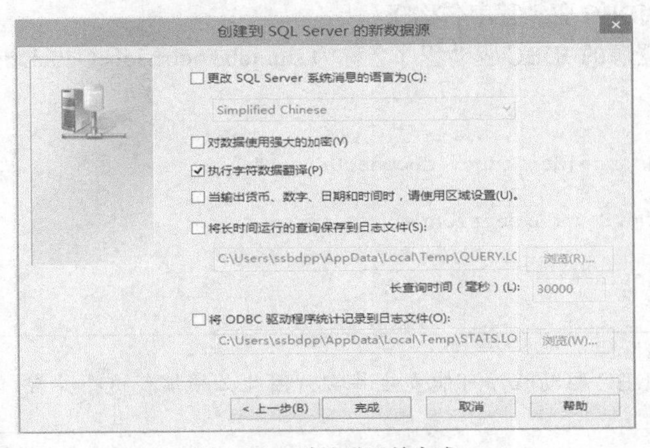

图 12.12　默认设置并完成

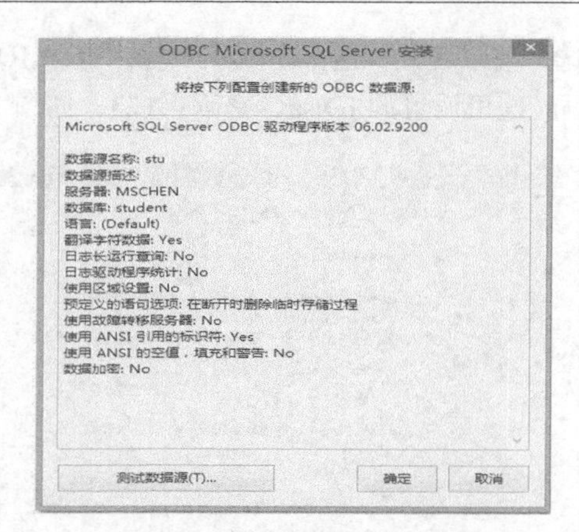

图 12.13　数据源设置相关信息

最后，返回“ODBC 数据源管理程序”界面，并单击“确定”按钮，完成数据源的配置。如图 12.14 所示。

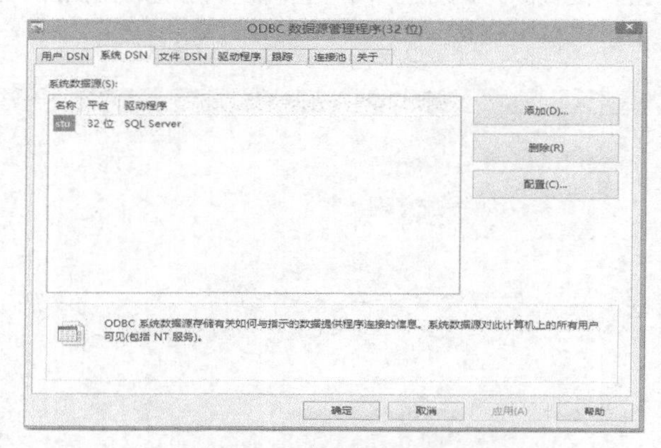

图 12.14　完成数据源配置

（2）连接数据库

① 首先加载 JDBC 驱动程序并向 DriverManager 注册。JDBC 使用 Class 类的静态方法 Class.forName( )来完成。具体加载和注册驱动程序的语句如下。

Class.forName("JDBC 驱动程序名称");

这里 ODBC 数据源的 JDBC 驱动程序名称为 sun.jdbc.odbc.JdbcOdbcDriver。

例如，

```
  try{
Class.forName("sun.jdbc.odbc.jdbcOdbcDriver");
}
  catch(ClassNotFoundException e)
{
System.out.println(e);
}
```

加载 JDBC 驱动程序可能发生异常，因此必须捕获这个异常。

② 建立连接。可以利用 DriverManager 的静态方法 getConnection( )与数据库建立连接。连接

语句如下。

Connection 连接变量;

连接变量=DriverManager.getConnection("jdbc:odbc:数据源名称","用户名","密码");

例如，设置数据源名称为“stu”，用户名：“sa”，密码为：123，则连接数据库代码如下。

```
try{
Connection  con;
con=DriverManager.getConnection("jdbc:odbc:stu","sa","123");
}
  catch(SQLException e)
{
System.out.println(e);
}
```

连接数据库时应捕获 SQLException 异常。

2. JDBC 直接连接数据库

这种连接方式不需要配置数据源，但是首先需要数据库的 JDBC 驱动程序，对于本书使用的 SQL Server 2005 的 JDBC 驱动程序为 sqljdbc.jar 包。所以，需要找到 sqljdbc.jar 包，将这个 sqljdbc.jar 包引入到程序中，然后再连接数据库。连接数据库过程如下。

① 首先加载 JDBC 驱动程序并向 DriverManager 注册。JDBC 使用 Class 类的静态方法 Class.forName( )来完成。具体加载和注册驱动程序的语句如下。

```
Class.forName(“JDBC 驱动程序名称”);
```

这里 Microsoft SQLServer 2005 数据库的 JDBC 驱动程序名称为 com.microsoft.jdbc.sqlserver.SQLServerDriver。

例如，

```
  try{
Class.forName("com.microsoft.jdbc.sqlserver.SQLServerDriver");
}
  catch(ClassNotFoundException e)
{
System.out.println(e);
}
```

加载 JDBC 驱动程序可能发生异常，因此必须捕获这个异常。

② 建立连接。同样利用 DriverManager 的静态方法 getConnection( )与数据库建立连接。连接语句如下。

Connection 连接变量;

连接变量=DriverManager.getConnection("jdbc: sqlserver://server:1433;DatabaseName=数据库名","用户名","密码");

例如，数据库为“student”，用户名：“sa”，密码为：123，则连接数据库代码如下。

```
try{
Connection  con;
con=DriverManager.getConnection("jdbc:sqlserver://server:1433;DatabaseName=student",
"sa","123");
}
```

```
catch(SQLException e)
{
System.out.println(e);
}
```

连接数据库时应捕获 SQLException 异常。

12.2.3 查询操作

与数据库建立连接后，就可以使用 JDBC 提供的 API 对数据库进行操作，比如查询、添加、更新和删除数据库中的表等。JDBC 和数据库表进行交互的主要方式是使用 SQL 语句，JDBC 提供的 API 可以将标准的 SQL 语句发给数据库，实现和数据库的交互。对一个数据库中表进行查询操作的具体步骤如下。

（1）发送 SQL 查询语句到数据库

Statement 接口提供了执行语句和获取结果的基本方法。建立了到特定数据库的连接 con 之后，就可用该连接发送 SQL 语句。Statement 对象用 Connection 的方法 createStatement( )创建，代码如下所示。

```
try{
Statement  sql=con.createStatement( );
}
catch(SQLException e){}
```

（2）处理查询结果

有了 SQL 语句对象后，这个对象就可以调用相应的方法实现对数据库中表的查询，并将查询结果存放在一个 ResultSet 类声明的对象中。代码如下。

ResultSet rs=sql.executeQuery("select * from scoreinfor");

ResultSet 对象是由统一形式的列组织的数据行组成，要访问其中的记录，可以通过它的 next( ) 方法来完成。语句如下。

```
While(rs.next( ))
{
}
```

要取得其中的数据并对其进行操作，需要对各字段进行访问。访问的方法有两种：一是利用字段在查询语句中的索引号来进行访问；二是利用字段名进行访问。例如，要取得当前记录 course 字段的值，可以使用如下语句。

```
rs.getString(2);
```

或 `rs.getString("course");`

其中，getString( )是 ResultSet 类的一个方法，表示以字符串的形式读取数据。ResultSet 类的这种形式的方法比较多，常用的还有 getBoolean( )、getByte( )、getDate( )、getFloat( )、getInt( ) 和 getTime( )等。

下面是一个执行数据查询操作的完整代码。

```
import java.sql.*;
public class equery {
public static void main(String[ ] args) throws InstantiationException, IllegalAccess
Exception, ClassNotFoundException {
        try{
                        Class.forName("sun.jdbc.odbc.JdbcOdbcDriver");
```

```
            }
        catch(ClassNotFoundException e){}
        try{
            String dbURL = "jdbc:odbc:stu";
            String userName = "sa"; // 默认用户名
            String userPwd = "123"; // 密码
            Connection con;
        con = DriverManager.getConnection(dbURL, userName, userPwd);
        ResultSet rs=null;
        Statement stmt=con.createStatement(ResultSet.TYPE_SCROLL_INSENSITIVE,ResultSet.
CONCUR_READ_ONLY);
        rs=stmt.executeQuery("select * from scoreinfor");
        while(rs.next( )){
        System.out.println(rs.getString(2));}
    }catch(SQLException e){System.out.println(e);}
    }
    }
```

12.2.4 更新、添加和删除操作

对一个数据库中表进行更新、添加和删除操作方法和查询操作类似，只是在处理结果时，Statement 对象调用的方法由查询操作 executeQuery( )方法变成了 executeUpdate( )方法来实现对数据库表中记录的更新、添加和删除操作。Statement 对象调用方法如下。

public int executeUpdate(sqlStatement);

通过参数 sqlStatement 指定的方式实现对数据库表中记录的更新、添加和删除操作。更新、添加和删除记录的 SQL 语法在 12.1.2 小节已做过介绍。

下面是一个执行对数据表操作的完整代码。

```
    import java.sql.*;
    public class operator {
    public static void main(String[ ] args) throws InstantiationException, IllegalAccess
Exception, ClassNotFoundException {
        try
        {
            Class.forName("sun.jdbc.odbc.JdbcOdbcDriver");
        }
        catch(ClassNotFoundException e){}
        try{
            String dbURL = "jdbc:odbc:stu";
            String userName = "sa"; // 默认用户名
            String userPwd = "123"; // 密码
            Connection con;
            con = DriverManager.getConnection(dbURL, userName, userPwd);
            ResultSet rs=null;
            Statement stmt =
 con .createStatement(ResultSet.TYPE_SCROLL_INSENSITIVE,ResultSet.CONCUR_READ_ONLY);
           String sqlinsert ="insert into scoreinfor(course,type,score)values('计算
机','选休','88')";
           stmt.executeUpdate(sqlinsert);
           String sqlupdate="update scoreinfor set course='java'where id=3 ";
           stmt.executeUpdate(sqlupdate);
           String sqldel="delete from scoreinfor where id=3";
           stmt.executeUpdate(sqldel);
    }catch(SQLException e){System.out.println(e);}
```

```
    }
}
```

12.2.5 关闭数据库

打开数据库后，在程序用完后要及时关闭数据库连接资源以释放内存，避免资源耗尽。Statement 对象和 ResultSet 对象将由 Java 垃圾收集程序自动关闭，而作为一种好的编程风格，应在不需要 Statement 对象和 ResultSet 对象时显式地关闭它们。这将立即释放 DBMS 资源，有助于避免潜在的内存问题。所以，在打开数据库资源后，尽量手工关闭 Connection 对象、Statement 对象和 ResultSet 对象。可以使用对象的 close( )方法来关闭一个 Statement 对象、ResultSet 对象和 Connection 对象。例如，

```
rs.close( );
smt.close( );
con.close( );
```

在关闭对象时，一般按关闭 ResultSet 对象、Statement 对象和 Connection 对象的顺序关闭资源。

12.3 数据库访问示例

本节给出一个完整的 Java Application 文件代码。在此文件中，对示例数据库"student"中的表"scoreinfor"进行数据查询，并将查询的结果显示在控制台中；对示例数据库"student"中的表"scoreinfor"进行数据插入、更新和删除操作。读者可以在此基础上扩展功能，根据自己的实际需要进行一定的修改，并应用到自己的学习和工作中。

```
import java.sql.*;
public class Example {

/**
  * @param args
  * @throws ClassNotFoundException
  * @throws IllegalAccessException
  * @throws InstantiationException
  */
public static void main(String[ ] args) throws InstantiationException, IllegalAccess
Exception, ClassNotFoundException {
        try
        {//建立 JDBC-ODBC 桥驱动程序，用到 java.lang 包中的类 Class，调用其方法 forName( )
      Class.forName("com.microsoft.sqlserver.jdbc.SQLServerDriver");
        }
        catch(ClassNotFoundException e){}
        try{
              String dbURL = "jdbc:sqlserver://localhost:1434;DatabaseName=student"; //
连接服务器和数据库 sample
              String userName = "sa"; // 默认用户名
              String userPwd = "123"; // 密码
              Connection con;
              con= DriverManager.getConnection(dbURL, userName, userPwd);
              ResultSet rs=null;
              Statement smt =
con.createStatement(ResultSet.TYPE_SCROLL_INSENSITIVE,ResultSet.CONCUR_READ_ONLY);
```

```
            rs=smt.executeQuery("select * from scoreinfor");
            while(rs.next( )){
            System.out.println(rs.getString(2));}  //显示查询结果
            String sql="insert into scoreinfor(course,type,score)values('计算机','选
休','88')";
            smt.executeUpdate(sql);       //执行插入操作
            String sqlupdate="update scoreinfor set course='ddd'where id=3 ";
            smt.executeUpdate(sqlupdate);    //执行更新操作
            String sqldele="delete from scoreinfor where id=1";
            smt.executeUpdate(sqldele);     //执行删除操作
            rs.close( );
            smt.close( );
            con.close( );
    }catch(SQLException e){System.out.println(e);}
    }
    }
```

习　题

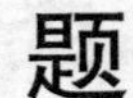

1. 简述配置数据源的主要步骤。

2. 简述 JDBC 连接数据库的方法。

3. 简述 Java 操作数据表中数据的步骤。

4. 在 SQL Server 数据库中建立一个学生信息表（学号，姓名，班级，成绩），编程完成如下操作。

（1）增加 1 条学生记录。

（2）显示成绩大于 60 分的学生信息。

第 13 章 网络编程

Java 在网络上的重要性是无可争议的，我们编写的应用程序不应该仅仅在自己的电脑上运行，应该可以和其他电脑的应用程序进行信息共享、协同作业。

13.1　URL 类和 InetAddress 类

13.1.1　URL 类

互联网上的计算机如何标识自己的身份呢？通过 IP 地址，但是纯数字的 IP 地址并不好记忆，所以就有了 URL（Uniform Resource Locate），如 http://www.chu.edu.cn。虽然我们输入的是地址 http://www.chu.edu.cn，但实际上打开的是 http://www.chu.edu.cn/index.jsp。这样的 URL 包含以下信息。

（1）http——通信协议。

（2）www.chu.edu.cn——计算机域名地址。

（3）index.jsp——资源。

Java 中 URL 类描述这个概念。一个典型的 URL 对象初始化如下所示。

```
try {  url=new URL("http://www.chu.edu.cn");
            }
            catch(MalformedURLException e){
                System.out.println ("Bad URL:"+url);
            }
```

当然，还有一个更详细的构造方法，如下。

URL(String protocol,String host,String file) throws MalformedURLException

构造的 URL 对象的协议、地址和资源分别由参数 protocol、host 和 file 指定。

13.1.2　InetAddress 类

Java 中的 InetAddress 类用来表示一个主机的 IP 地址和域名，如下。

http://www.chu.edu.cn/210.45.92.5

DNS 服务器负责 IP 地址和域名的转换工作。我们用一个简单例子来验证该类的一些常用方法。

【例 13-1】 InetAddress 实例。

```
import java.net.*;
public class EX13_1{
    public static void main(String a[ ]){
        try{
               InetAddress
               address=InetAddress.getByName("www.chu.edu.cn");
              System.out.println(address.toString( ));
              System.out.println(address.getHostName( ));
              System.out.println(address.getHostAddress( ));
              System.out.println(InetAddress.getLocalHost( ));
        }
        catch(UnknownHostException e){
              System.out.println("无法连接服务器");
        }
    }
}
```

输出结果为：

```
www.chu.edu.cn/210.45.92.5
www.chu.edu.cn
210.45.92.5
lenovo-b5f30c23/192.168.1.102
```

13.2 套接字

13.2.1 套接字概述

套接字是支持 TCP/IP 的网络通信的基本操作单元，可以看作是不同主机之间的进程进行双向通信的端点，简单地说，就是通信双方的一种约定，用套接字中的相关函数来完成通信过程。

IP 地址标识 Internet 上的计算机，端口号标识正在计算机上运行的进程（程序）。

端口号与 IP 地址的组合得出一个网络套接字。

端口号被规定为一个 16 位的整数 0～65535。其中，0～1023 被预先定义的服务通信占用，应该使用 1024～65535 这些端口中的某一个进行通信，以免发生端口冲突。

当两个程序需要通信时，它们可以通过使用 Socket 类建立套接字对象并连接在一起。

13.2.2 套接字连接

套接字连接指的是客户端的套接字连接对象和服务器端的套接字对象通过输入/输出流进行通信。所以，我们从这 3 个步骤来论述。

1．服务器端套接字对象建立

ServerSocket 对象负责等待客户端请求建立套接字连接。服务器必须事先建立一个等待客户请求建立套接字连接的 ServerSocket 对象。ServerSocket 的构造方法是 ServerSocket(int port)，port 是一个端口号，指明服务器应用程序占有的端口号，必须和客户请求的端口号相同。当服务器端端口号建立好之后，就可以调用 accept（ ）方法接受客户端的套接字。例如，

```
try{
    ServerSocket s=new ServerSocket(2345);
    Socket c=s.accept( );
}
catch(IOException e){}
```

accept( )方法在接受客户端套接字的时候，必须有客户端套接字送过来才能接受到，否则就处于阻塞状态。

2. 客户端套接字对象建立

可以直接使用 Socket 对象创建客户端套接字。如，

```
try{
    Socket c=new Socket("localhost",2345);
}
catch(IOException e){}
```

3. 连接

两端套接字都准备好之后，就可以使用数据输入流/输出流在客户机和服务器之间直接通信。当客户端使用数据输出流向服务器发送信息，而服务器正好使用输入流来读取客户端送来的信息。反之亦然。可以使用客户端套接字使用 getInputStream( )方法和 getInputStream( )方法获取相应的输入流/输出流。

13.2.3 一个 C/S 模式套接字处理实例

【例 13-2】 服务器端程序创建套接字，并等待客户端请求。客户端创建套接字，每秒发过去一个数字，并等待接收服务器返回的结果，服务器端接收请求，并将处理结果送回去，再次等待其他请求，而客户端接收到数据后继续发送请求（共 10 次）。

1. 客户端程序

```
import java.io.*;
import java.net.*;
public class Client{
    public static void main(String args[ ]){
        String s=null;
        Socket c;
        DataInputStream in=null;
        DataOutputStream out=null;
        int i=1;
        try{
             c=new Socket("localhost",2345);
            in=new DataInputStream(c.getInputStream( ));
            out=new DataOutputStream(c.getOutputStream( ));
            out.writeInt(i);
            while(i<=10){
                s=in.readUTF( );
                System.out.println("Hello"+i);
                System.out.println("客户收到:"+s);
                i++;
                out.writeInt(i);
                Thread.sleep(1000);
            }
        }
        catch(IOException e){
            System.out.println("无法连接服务端");
        }
        catch(InterruptedException e){}
    }
}
```

2. 服务器端程序

```
import java.io.*;
import java.net.*;
```

```
public class Server{
  public static void main(String args[ ]){
     ServerSocket s=null;
     Socket c=null;
     DataOutputStream out=null;
     DataInputStream  in=null;
     try{
      s=new ServerSocket(2345);
      c=s.accept( );
        in=new DataInputStream(c.getInputStream( ));
        out=new DataOutputStream(c.getOutputStream( ));
        while(true){
            int m=0;
            m=in.readInt( );
            out.writeUTF("这是客户您是第"+m+"次请求");
            Thread.sleep(1000);
        }
     }
     catch(IOException e){
         System.out.println(""+e);
     }
     catch(InterruptedException e){}
   }
}
```

13.3 用户数据包通信

如果说套接字通信相当于打电话，是可靠的连接的话，那么用户数据包通信就相当于写信。用户把信（数据）写好，装入信封里送到邮局，然后由邮局送到收件人手里，收件人什么时候收到，能不能收到是不可靠的。由于缺乏可靠性，UDP 应用一般允许一定量的丢包、出错和复制。

用户数据包通信有如下特点。

- UDP 是无连接的，即发送数据之前不需要建立连接（当然，发送数据结束时也没有连接可释放），因此减少了开销和发送数据之前的时延。
- UDP 使用尽最大努力交付，即不保证可靠交付。因此，主机不需要维持复杂的连接状态表。
- UDP 是面向报文的。
- UDP 没有拥塞控制。
- UDP 支持一对一、一对多、多对一和多对多的交互通信。

用户数据包通信过程为：数据打包（数据报），将数据发送到目的地，接收方接收数据，打开数据包内容。

1．数据打包

DatagramPacket 类对象为一个数据包对象。对应的构造方法如下。

DatagramPacket(byte data[ ],int len,InetAdress add,int port)

数组为数据包内容，len 为数据包长度，add 为数据包发送地址，port 为接收主机对应的应用程序端口号。

DatagramPacket(byte data[ ],int offset,int len,InetAdress add,int port)

数据包内容为数组从 offset 开始长度为 len 的数据，add 为数据包发送地址，port 为接收主机对应的应用程序端口号。

例如，byte [ ]data= "数据包内容" .getByte( );

InetAdress add= InetAdress.getName("www.chu.edu.cn");

DatagramPacket datagram=new DatagramPacket(b,b.length,add,1234);

用户数据包对象创建好后，该对象调用 getPort( )方法获得端口号，getAddress( )方法获得地址值，getData( )方法获得数据内容。

2. 发送数据

数据包准备好后，如何发送呢？使用 DatagramSocket 对象的 send( )方法可以发送数据。例如，

DatagramSocket mail = new DatagramPacketSocket( );

mail.send(datagram);

3. 接收数据

数据包发送时候使用 DatagramSocket 对象的 send( )方法发送数据，反过来，接收数据时应该使用 DatagramPacketSocket 对象的 receive( )方法接收数据，需要注意的是，必须提前确定接收方的地址和端口号和数据包地址和端口号吻合。

例如，

DatagramSocket mail = new DatagramPacketSocket(1234);

DatagramPcaket datagram=new DatagramPacket(b,b.length);

byte data[ ]=new byte[500];

mail.receive(datagram);

4. 查看数据

被接收过来的数据就存放在 datagram 数据包中，我们仍然调用 getPort( )方法获得端口，getAddress( )方法获得地址值，getData( )方法获得数据内容。

【例 13-3】编写程序，使用用户数据包把一个程序中的数据包送到另外一个程序中显示出来。

1. 数据发送端程序

```
import java.net.*;
import java.awt.*;
import java.awt.event.*;
import javax.swing.*;
public class Send extends JFrame implements ActionListener{
   //JTextField outMessage=new JTextField(12);
   JTextArea area=new JTextArea(12,20);
   JButton button=new JButton("发送数据");
   Send( ){
      super("发送数据");
      setSize(320,200);
      setVisible(true);
      button.addActionListener(this);
      Container con=getContentPane( );
      con.add(new JScrollPane(area),BorderLayout.CENTER);
      con.add(button,BorderLayout.NORTH);
      setDefaultCloseOperation(JFrame.EXIT_ON_CLOSE);
      validate( );
   }
```

```
    public void actionPerformed(ActionEvent event){
      byte b[ ]=area.getText( ).trim( ).getBytes( );
      try{   InetAddress
address=InetAddress.getByName("127.0.0.1");
          DatagramPacket data=new
DatagramPacket(b,b.length,address,1234);
          DatagramSocket mail=new DatagramSocket( );
          mail.send(data);
          area.setText("");
      }
      catch(Exception e){}
    }

    public static void main(String args[ ]){
      new Send( );
    }
}
```

2. 数据接收端程序

```
import java.net.*;
import java.awt.*;
import javax.swing.*;
public class Receive extends JFrame{
 JLabel label=new JLabel("接收的数据为: ");
   JTextArea area=new JTextArea(12,20);
   Receive( ){
      super("接收数据");
      setBounds(350,100,320,200);
      setVisible(true);
      Container con=getContentPane( );
      con.add(new JScrollPane(area),BorderLayout.CENTER);
      con.add(label,BorderLayout.NORTH);
      setDefaultCloseOperation(JFrame.EXIT_ON_CLOSE);
      validate( );
      while(true){
         DatagramPacket pack=null;
         DatagramSocket mail=null;
         byte b[ ]=new byte[5000];
         try{   pack=new DatagramPacket(b,b.length);
             mail=new DatagramSocket(1234);
         }
         catch(Exception e){}
         while(true){
            try{   mail.receive(pack);
                area.append(new String(pack.getData( ))+"\n");
             }
            catch(Exception e){}
         }
      }
   }

    public static void main(String args[ ]){
      new Receive( );
    }
 }
```

程序运行结果如图 13.1 所示。

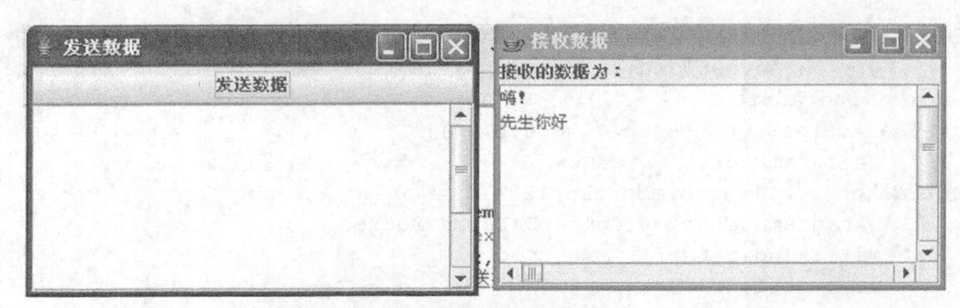

图 13.1 用户数据包通信

13.4 广播数据包通信

广播数据包就是使用广播的方式给对应频率的节点发送数据包。像现实中的广播一样，电台在相应的频道和波段广播信息，听众必须把广播调到相应的频率和波段。

IP 地址大致分为 4 类，其中 A 类地址大致范围是 1.0.0.1～126.266.255.254。

B 类地址范围是 128.0.0.1～191.255.255.254；C 类地址范围是 192.0.0.1～223.255.255.254；D 类地址范围为 224.0.0.0～239.255.255.254。D 类地址为组播地址，其他地址的主机要广播或者收听广播，都应该加入相应的组播地址才能收听广播。

实现广播通信的方式如下。

1. 设置组播地址

我们使用学过的 InetAddress 设置组播地址。

如，

InetAddress add=InetAddress.getByName(238.238.238.1);

2. 设置广播端套接字对象

广播套接字对应的类是 MulticastSock 类，该类构造方法需要一个端口号。public Multicast Socket(int port) throws IOException 创建的多点广播套接字可以在参数指定的端口上广播。

该类对象还可以通过 setTimeTolive(int)设置广播范围。

3. 加入组播地址

void joinGroup(InetAddress)可以被广播或者接收的主机调用，也可以使用方法 void leaveGroup(InetAddress)将某主机离开广播主机。

4. 广播数据和接收数据

进行广播的主机可以让多点广播套接字(MulticastSocket)对象调用 public void send(Datagram Packet p) throws IOException 将参数 p 指定的数据包广播到组播组中的其他主机。

接收广播的主机可以让多点广播套接字(MulticastSocket)对象调用 public void receive (DatagramPacket p) throws IOException 方法接收广播的数据包中的数据，并将接收的数据存放到参数 p 指定的数据包中。

【例 13-4】 魔法广播端广播数据，听众接收数据过程。

1. 广播端开始广播数据

```
import java.net.*;
public class BroadCast extends Thread{
    String s="小喇叭开始广播啦！";
```

```
    int port=1234;
    InetAddress group=null;
    MulticastSocket socket=null;
    BroadCast( ){
        try{
            group=InetAddress.getByName("238.238.8.0");
            socket=new MulticastSocket(port);
            socket.setTimeToLive(0);
            socket.joinGroup(group);
        }
        catch(Exception e){}
      while(true){
          try{  DatagramPacket packet=null;
               byte data[ ]=s.getBytes( );
               packet=new DatagramPacket(data,data.length,group,port);
               System.out.println(new String(data));
               socket.send(packet);
               sleep(1000);
          }
          catch(Exception e){}
        }
    }
    public static void main(String args[ ]){
        new BroadCast( );
    }
}
```

2. 接收端程序

```
import java.net.*;
import java.awt.*;
import javax.swing.*;
public class Receive extends JFrame{
    int port;
    InetAddress group=null;
    MulticastSocket socket=null;
    JTextArea area;
    Thread thread;
    boolean stop=false;
    public Receive( ){
        super("听众");
        area=new JTextArea(18,18);
        Container con=getContentPane( );
        con.add(new JScrollPane(area),BorderLayout.CENTER);
        port=1234;
        try{
            group=InetAddress.getByName("238.238.8.0");
               socket=new MulticastSocket(port);
               socket.joinGroup(group);
        }
        catch(Exception e){}
        setDefaultCloseOperation(JFrame.EXIT_ON_CLOSE);
        setSize(300,300);
        validate( );
        setVisible(true);
        while(true){
            byte data[ ]=new byte[5000];
            DatagramPacket packet=null;
            packet=new DatagramPacket(data,data.length,group,port);
```

```
            try {
                socket.receive(packet);
                 String message=new String(packet.getData( ),0,packet.getLength( ));
                 area.append(message+"\n");
                 area.setCaretPosition(area.getText( ).length( ));
            }
            catch(Exception e){}
            if(stop==true)
               break;
        }
    }

    public static void main(String args[ ]){
        new Receive( );
    }
}
```

程序执行结果如图 13.2 所示。

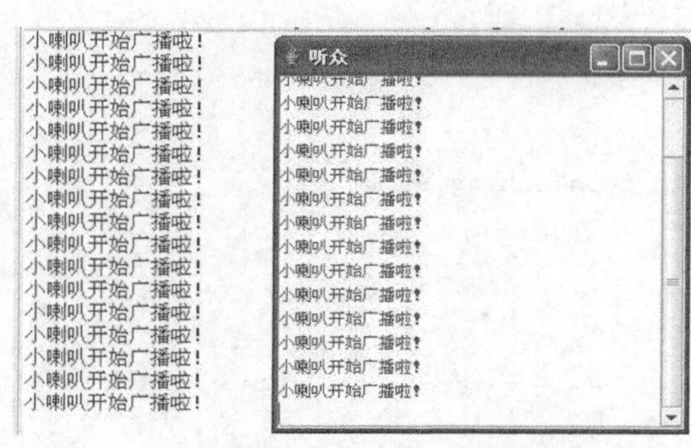

图 13.2　广播数据包的发送端和接收端

习　　题

1. URL 对象可以包含哪些信息？
2. 什么是套接字？请叙述 C/S 模式套接字通信的过程。
3. 编写一个应用程序，完善广播数据通信的实例，使之随时可以暂停和重新接受广播信息。

第 14 章 综合案例——计算器

本章将以一个计算器的开发来演示如何使用 Java 语言开发应用软件，以加深对 Java 语言的了解。

14.1 功能分析

计算器功能结构图如图 14.1 所示。

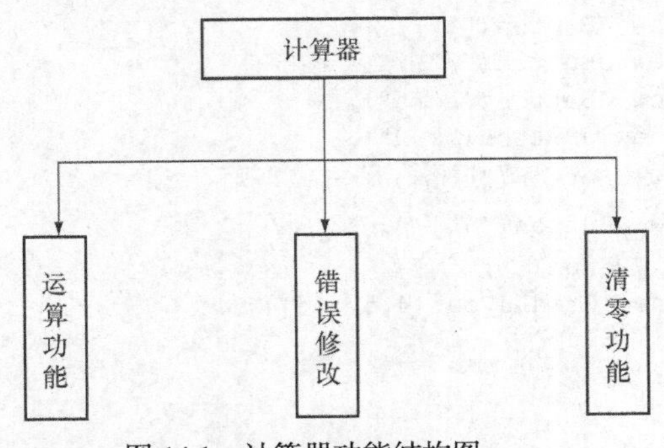

图 14.1 计算器功能结构图

计算器功能如下。

（1）加、减、乘、除、平方及开方运算：单击计算器上的数字键和相应的运算按钮就能实现数字的加、减、乘、除、平方及开方运算。

（2）错误修改功能：当输入的数据有误时，可以按“退格”按钮消除输入有误的数据，并且重新输入。

（3）清零功能：当一次计算完毕后，可以按“清零”按钮实现清零，并且开始下次运算。

14.2 计算器界面设计

使用 Java 中的 Swing 组件对计算器的界面进行代码设计，如下所示。

```
import java.awt.Container;
import java.awt.GridLayout;
import javax.swing.JButton;
```

```
import javax.swing.JFrame;
import javax.swing.JPanel;
import javax.swing.JTextField;
import javax.swing.WindowConstants;
public class Caculator extends JFrame{
   private static final long serialVersionUID = 4907149509182425824L;
   public Caculator( ){
    Container c=getContentPane( );
    setLayout(new GridLayout(2,1));
    JTextField jtf=new JTextField("0",40);
      jtf.setHorizontalAlignment(JTextField.RIGHT );
    JButton data0=new JButton("0");
    JButton data1=new JButton("1");
    JButton data2=new JButton("2");
    JButton data3=new JButton("3");
    JButton data4=new JButton("4");
    JButton data5=new JButton("5");
    JButton data6=new JButton("6");
    JButton data7=new JButton("7");
    JButton data8=new JButton("8");
    JButton data9=new JButton("9");
    JButton point=new JButton(".");
    JButton equ=new JButton("=");
    JButton plus=new JButton("+");
    JButton minus=new JButton(".");
    JButton mtp=new JButton("*");
    JButton dvd=new JButton("/");
    JButton sqr=new JButton("sqrt");
    JButton root=new JButton("x^2");
    JButton tg=new JButton("退格");
    JButton ql=new JButton("清零");
    JPanel jp=new JPanel( );
    jp.setLayout(new GridLayout(4,5,5,5));
    jp.add(data7);
    jp.add(data8);
    jp.add(data9);
    jp.add(plus);
    jp.add(sqr);
    jp.add(data4);
    jp.add(data5);
    jp.add(data6);
    jp.add(minus);
    jp.add(root);
    jp.add(data1);
    jp.add(data2);
    jp.add(data3);
    jp.add(mtp);
    jp.add(ql);
    jp.add(data0);
    jp.add(point);
    jp.add(equ);
    jp.add(dvd);
    jp.add(tg);
    c.add(jtf);
    c.add(jp);
    setSize(400,300);
    setTitle("计算器");
```

```
    setVisible(true);
    setResizable(false);
    setDefaultCloseOperation(WindowConstants.EXIT_ON_CLOSE);
    }
public static void main(String[ ] args) {
        new Caculator( );
    }
}
```

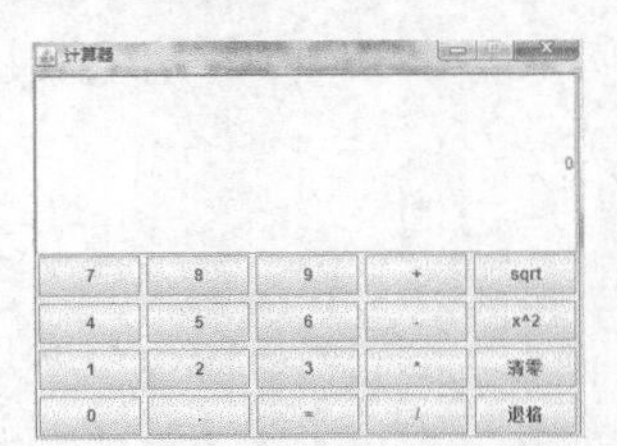

图 14.2　计算器操作界面

计算器操作界面如图 14.2 所示。

14.3　相关功能实现

部分关键代码如下。

```
data0.addActionListener(new ActionListener( ){      //数字 0 的输入
        public void actionPerformed(ActionEvent arg0){
             if(jtf.getText( ).equals("0")){
                 jtf.requestFocus( );
            }
            else{
                 String str=jtf.getText( );
                 jtf.setText(str+"0");
            }
        }
    });
    data1.addActionListener(new ActionListener( ){  //数字 1 的输入
         public void actionPerformed(ActionEvent arg0){
              if(jtf.getText( ).equals("0")){
                      jtf.setText("");
                      jtf.setText("1");
                      jtf.requestFocus( );
              }
              else{
                 String str=jtf.getText( );
                 jtf.setText(str+"1");
            }
        }
    });
    data2.addActionListener(new ActionListener( ){  //数字 2 的输入
        public void actionPerformed(ActionEvent arg0){
             if(jtf.getText( ).equals("0")){
                 jtf.setText("");
                 jtf.setText("2");
                 jtf.requestFocus( );
             }
             else{
                 String str=jtf.getText( );
                 jtf.setText(str+"2");
             }
        }
    });
    data3.addActionListener(new ActionListener( ){  //数字 3 的输入
        public void actionPerformed(ActionEvent arg0){
```

```
            if(jtf.getText( ).equals("0")){
                jtf.setText("");
                jtf.setText("3");
                jtf.requestFocus( );
            }
            else{
                String str=jtf.getText( );
                jtf.setText(str+"3");
            }
        }
    });
    data4.addActionListener(new ActionListener( ){    //数字 4 的输入
        public void actionPerformed(ActionEvent arg0){
            if(jtf.getText( ).equals("0")){
                jtf.setText("");
                jtf.setText("4");
                jtf.requestFocus( );
            }
            else{
                String str=jtf.getText( );
                jtf.setText(str+"4");
            }
        }
    });
    data5.addActionListener(new ActionListener( ){    //数字 5 的输入
        public void actionPerformed(ActionEvent arg0){
            if(jtf.getText( ).equals("0")){
                jtf.setText("");
                jtf.setText("5");
                jtf.requestFocus( );
            }
            else{
                String str=jtf.getText( );
                jtf.setText(str+"5");
            }
        }
    });
    data6.addActionListener(new ActionListener( ){    //数字 6 的输入
        public void actionPerformed(ActionEvent arg0){
            if(jtf.getText( ).equals("0")){
                jtf.setText("");
                jtf.setText("6");
                jtf.requestFocus( );
            }
            else{
                String str=jtf.getText( );
                jtf.setText(str+"6");
            }
        }
    });
    data7.addActionListener(new ActionListener( ){    //数字 7 的输入
        public void actionPerformed(ActionEvent arg0){
            if(jtf.getText( ).equals("0")){
                jtf.setText("");
                jtf.setText("7");
                jtf.requestFocus( );
```

```
        }
        else{
            String str=jtf.getText( );
            jtf.setText(str+"7");
        }
    }
});
data8.addActionListener(new ActionListener( ){    //数字 8 的输入
    public void actionPerformed(ActionEvent arg0){
        if(jtf.getText( ).equals("0")){
            jtf.setText("");
            jtf.setText("8");
            jtf.requestFocus( );
        }
        else{
            String str=jtf.getText( );
            jtf.setText(str+"8");
        }
    }
});
data9.addActionListener(new ActionListener( ){    //数字 9 的输入
    public void actionPerformed(ActionEvent arg0){
        if(jtf.getText( ).equals("0")){
            jtf.setText("");
            jtf.setText("9");
            jtf.requestFocus( );
        }
        else{
            String str=jtf.getText( );
            jtf.setText(str+"9");
        }
    }
});
point.addActionListener(new ActionListener( ){    //点号的输入
    public void actionPerformed(ActionEvent arg0){
        if(jtf.getText( ).equals("0")){
            jtf.requestFocus( );
        }
        else{
            String str=jtf.getText( );
            jtf.setText(str+".");
        }
    }
});
plus.addActionListener(new ActionListener( ){    //加法功能
    public void actionPerformed(ActionEvent arg0){
        if(jtf.getText( ).equals("0")){
            jtf.requestFocus( );
        }
        else if(jtf.getText( ).indexOf('+')!=.1){
            String[ ] s=jtf.getText( ).split("+");
            jtf.setText("");
            Double d1=Double.parseDouble(s[0]);
            Double d2=Double.parseDouble(s[1]);
            String s1=(d1+d2)+"";
            jtf.setText(s1);
            jtf.requestFocus( );
```

```
                String str=jtf.getText( );
                jtf.setText(str+"+");
            }
            else if(jtf.getText( ).indexOf('.')!=.1){
                String[ ] s=jtf.getText( ).split(".");
                jtf.setText("");
                Double d1=Double.parseDouble(s[0]);
                Double d2=Double.parseDouble(s[1]);
                String s1=(d1.d2)+"";
                jtf.setText(s1);
                jtf.requestFocus( );
                String str=jtf.getText( );
                jtf.setText(str+"+");
            }
            else if(jtf.getText( ).indexOf('*')!=.1){
                String[ ] s=jtf.getText( ).split("*");
                jtf.setText("");
                Double d1=Double.parseDouble(s[0]);
                Double d2=Double.parseDouble(s[1]);
                String s1=(d1*d2)+"";
                jtf.setText(s1);
                jtf.requestFocus( );
                String str=jtf.getText( );
                jtf.setText(str+"+");
            }
            else if(jtf.getText( ).indexOf('/')!=.1){
                String[ ] s=jtf.getText( ).split("/");
                jtf.setText("");
                Double d1=Double.parseDouble(s[0]);
                Double d2=Double.parseDouble(s[1]);
                String s1=(d1/d2)+"";
                jtf.setText(s1);
                jtf.requestFocus( );
                String str=jtf.getText( );
                jtf.setText(str+"+");
            }
            else{
                String str=jtf.getText( );
                jtf.setText(str+"+");
            }
        }
    });
……
```

14.4 程序打包

程序打包步骤如下。

（1）在 Eclipse 环境中右键单击需要打包的项目，本项目为“calculator”。如图 14.3 所示。

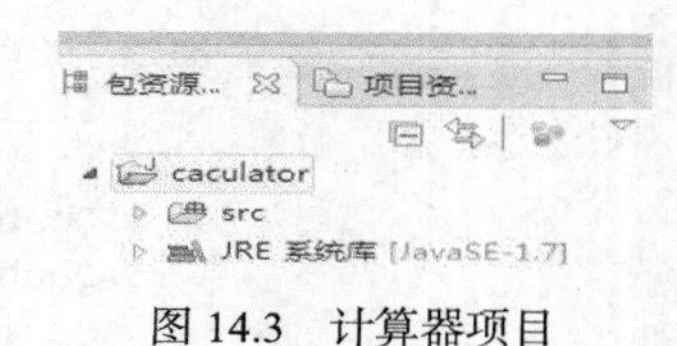

图 14.3　计算器项目

（2）在弹出的菜单栏中选择导出，进入文件导出对话框。如图 14.4 所示。

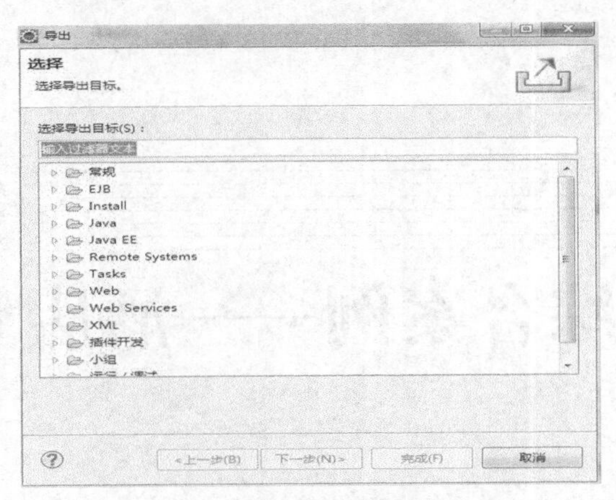

图 14.4　文件导出对话框

（3）在文件导出对话框中的 Java 文件夹下选择“可运行的 JAR 文件”，单击“下一步”进入“可运行的 JAR 文件导出”对话框。如图 14.5 所示。

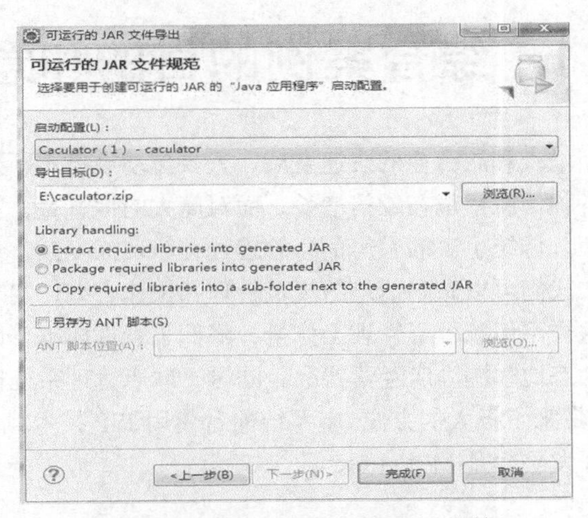

图 14.5　可运行的 JAR 文件导出对话框

（4）在“可运行的 JAR 文件导出”对话框中的“启动配置”处选“Caculator(1).caculator”，导出目标选择“E:\caculator.zip”，单击“完成”按钮完成打包。如图 14.6 所示。

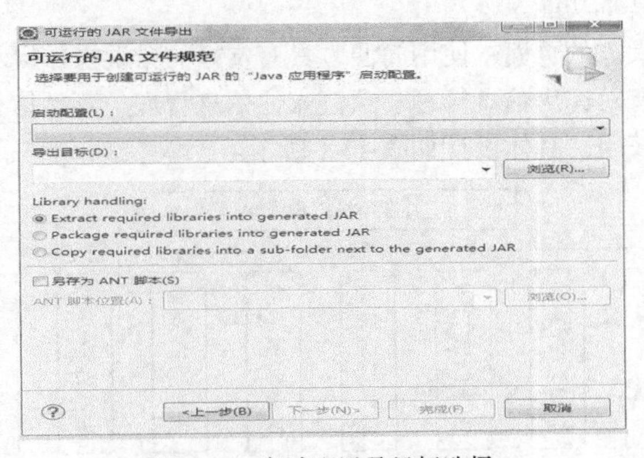

图 14.6　启动配置及目标选择

第 15 章 综合案例——酒店管理系统

本章案例构建了一个 B/S 结构的酒店管理系统。在本例中，主要介绍系统的功能设计、数据库设计及系统各个模块的设计与实现。通过本章的学习，读者应该能够初步使用 Java 语言完成一个系统的设计与实现。

15.1 综合案例的目的和意义

随着中国经济的不断增长和旅游业的飞速发展，人员流动规模不断扩大，酒店客房数量急剧增加，有关酒店管理的各种信息量也在成倍增长。面对庞大的信息量，就需要有酒店管理系统来提高酒店管理工作的效率。传统手工的客房信息管理过程繁琐而复杂，执行效率低，并且易于出错。通过酒店管理系统，我们可以做到信息的规范管理和快速查询，实现了客房信息管理的系统化、规范化和自动化。这样不但减少了管理工作量，降低了管理成本，而且根据酒店管理中各种信息，能使管理者实时动态地掌握酒店经营状况；同时，酒店管理系统也为远程客户预定客房提供了实现的可能，给用户带来了极大的方便。本系统前台使用 JSP 技术，后台使用 SQL Server 2005 作为数据库管理系统，开发平台是 MyEclipse。

15.2 系统功能设计

本系统将实现以下基本功能。

（1）系统具有简洁大方的页面，使用简便，具有友好的错误操作提示。

（2）管理员用户具有对客房信息管理、预订入住信息管理、菜品信息管理、餐饮消费管理和留言信息管理等操作的权限。具体设计如图 15.1 所示。

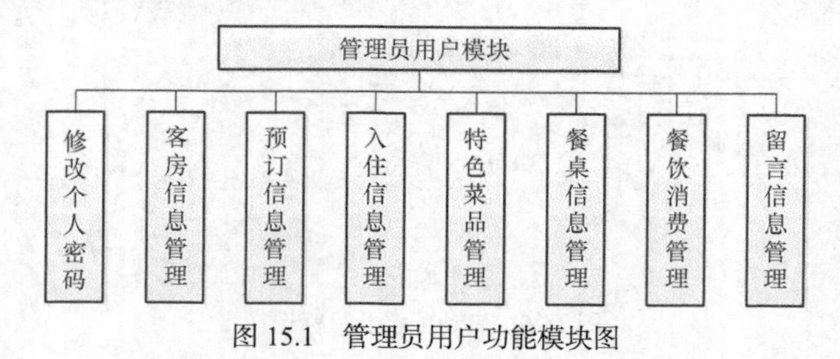

图 15.1　管理员用户功能模块图

（3）普通用户可以完成在线浏览客房信息、在线预订客房和在线留言等功能。具体设计如图 15.2 所示。

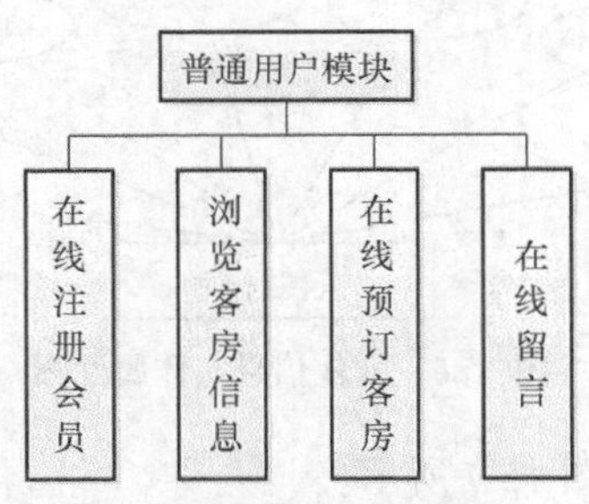

图 15.2　普通用户功能模块图

15.3　数据库结构设计

1. 数据库概念结构设计

根据对数据库的需求分析，并结合系统概念模型的特点及建立方法，建立实体-属性图（E-R），主要的实体-属性图如下。

（1）会员信息实体-属性，如图 15.3 所示。

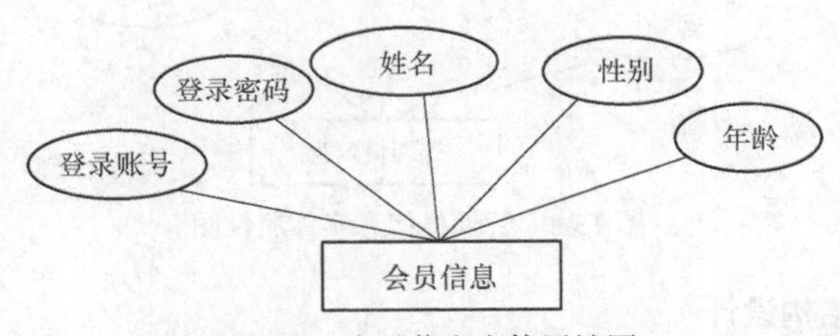

图 15.3　会员信息实体属性图

（2）客房信息实体-属性，如图 15.4 所示。

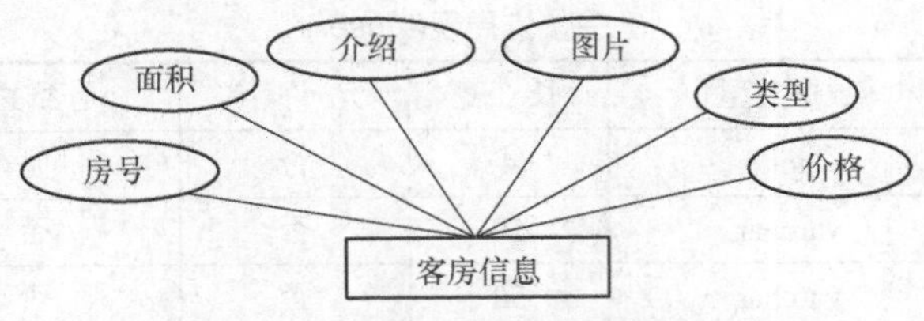

图 15.4　客房信息实体属性图

（3）预订信息实体-属性，如图 15.5 所示。

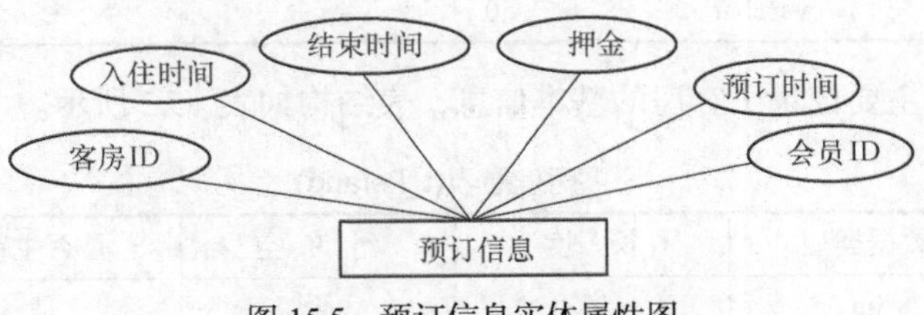

图 15.5　预订信息实体属性图

（4）入住信息实体-属性，如图 15.6 所示。

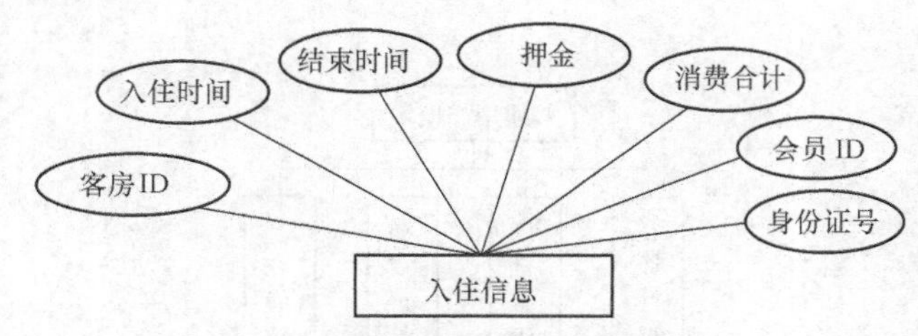

图 15.6　入住信息实体属性图

（5）留言信息实体-属性，如图 15.7 所示。

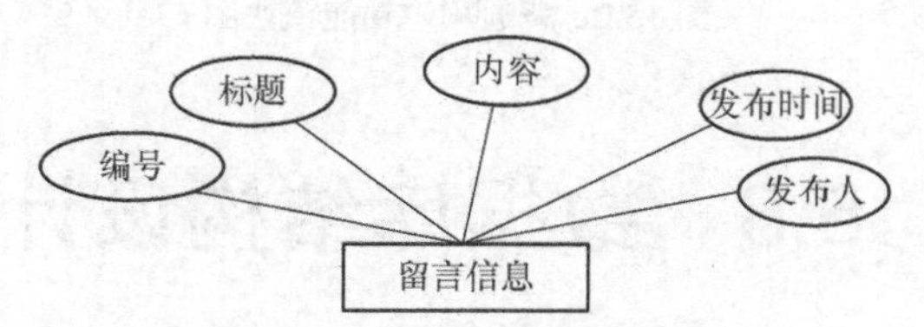

图 15.7　留言信息实体属性图

（6）管理员信息实体-属性，如图 15.8 所示。

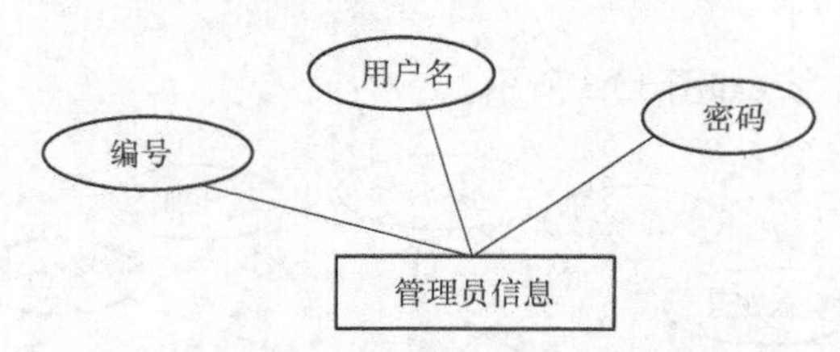

图 15.8　管理员信息实体属性图

2. 数据库的逻辑结构设计

根据 E-R 模型，酒店管理系统建立了以下逻辑数据结构，下面是各数据表的详细说明。

（1）会员信息表主要记录了注册会员基本信息，表结构如表 15.1 所示。

表 15.1　会员信息表(t_user)

列　名	数据类型	长　度	允 许 空	是否主键	说　明
id	int	4	否	是	编号
loginname	varchar	50	否	否	账号
loingpw	varchar	50	否	否	密码
name	varchar	50	否	否	姓名
sex	varchar	50	否	否	性别
age	varchar	50	否	否	年龄

（2）客房信息表主要记录了客房的基本信息，表结构如表 15.2 所示。

表 15.2　客房信息表(t_kefang)

列　名	数据类型	长　度	允 许 空	是否主键	说　明
id	int	4	否	是	编号

续表

列　名	数据类型	长　度	允 许 空	是否主键	说　明
fangjianhao	varchar	50	否	否	房间号
fangjianmianji	varchar	50	否	否	面积
fangjianjianjie	varchar	50	否	否	介绍
fujian	varchar	50	否	否	图片
kefangleixing	varchar	50	否	否	类型
rijiage	varchar	50	否	否	价格

（3）预订信息表主要记录了客房预订的基本信息，表结构如表 15.3 所示。

表 15.3　　预订信息表(t_yuding)

列　名	数据类型	长　度	允 许 空	是否主键	说　明
id	int	4	否	是	编号
user_id	int	4	否	否	会员 ID
kefangid	int	4	否	否	客房 ID
kaishishijian	varchar	50	否	否	入住时间
jieshushijian	varchar	50	否	否	结束时间
yudingshijian	varchar	50	否	否	预订时间

（4）入住信息表主要记录客房的入住信息，表结构如表 15.4 所示。

表 15.4　　入住信息表(t_ruzhu)

列　名	数据类型	长　度	允许空否	是否主键	说　明
id	int	4	否	是	编号
kefang_id	int	4	否	是	客房 ID
user_id	varchar	50	否	否	会员 ID
kaishishijian	varchar	50	否	否	入住时间
jieshushijian	varchar	50	否	否	结束时间
yajin	int	4	否	否	押金
xiaofeiheji	varchar	50	否	否	消费合计
shenfenzheng	varchar	50	否	否	身份证号

（5）留言信息表主要记录了留言的基本信息，表结构如表 15.5 所示。

表 15.5　　留言信息表(t_liuyan)

列　名	数据类型	长　度	允许空	是否主键	说　明
id	int	4	否	是	编号
title	varchar	50	否	否	标题
content	varchar	5000	否	否	内容
shijian	varchar	50	否	否	发布时间
user_id	Varchar	50	否	否	发布人

（6）管理员信息表主要记录管理员的账号信息，包括用户名和密码，表结构如表 15.6 所示。

表 15.6　　管理员信息表(t_admin)

列　名	数据类型	长　度	允许空	是否主键	说　明
userId	int	4	否	是	编号
userName	varchar	50	否	否	用户名
userPw	varchar	50	否	否	密码

15.4　系统设计与实现

15.4.1　系统登录模块

1．描述

为了保证系统的安全性，使用本系统前必须先登录到系统中，用户需要输入正确的用户名和密码才能登录本系统。

2．系统登录页面

系统登录页面如图 15.9 所示。

图 15.9　系统登录界面

3．部分实现代码

```
public class loginService
{
public String login(String userName,String userPw,int userType)
{
      System.out.println("userType"+userType);
      try
      {
            Thread.sleep(700);
      } catch (InterruptedException e)
      {
           // TODO Auto-generated catch block
           e.printStackTrace( );
      }
      String result="no";
      if(userType==0)//系统管理员登录
      {
             String sql="select * from t_admin where userName=? and userPw=?";
             Object[ ] params={userName,userPw};
```

```
            DB mydb=new DB( );
            mydb.doPstm(sql, params);
            try
            {
                ResultSet rs=mydb.getRs( );
                boolean mark=(rs==null||!rs.next( )?false:true);
                if(mark==false)
                {
                    result="no";
                }
                else
                {
                    result="yes";
                    TAdmin admin=new TAdmin( );
                    admin.setUserId(rs.getInt("userId"));
                    admin.setUserName(rs.getString("userName"));
                    admin.setUserPw(rs.getString("userPw"));
                    WebContext ctx = WebContextFactory.get( );
                    HttpSession session=ctx.getSession( );
                    session.setAttribute("userType", 0);
                  session.setAttribute("admin", admin);
                }
                rs.close( );
            }
            catch (SQLException e)
            {
                System.out.println("登录失败！");
                e.printStackTrace( );
        }
        finally
        {
            mydb.closed( );
        }
    }
    if(userType==1)
    {
        String sql="select * from t_user where del='no' and loginname=? and loginpw=?";
        Object[ ] params={userName,userPw};
        DB mydb=new DB( );
        mydb.doPstm(sql, params);
        try
        {
            ResultSet rs=mydb.getRs( );
            boolean mark=(rs==null||!rs.next( )?false:true);
            if(mark==false)
            {
                result="no";
            }
            else
            {
                result="yes";
                Tuser user=new Tuser( );
                user.setId(rs.getString("id"));
                user.setLoginname(rs.getString("loginname"));
                user.setLoginpw(rs.getString("loginpw"));
                user.setLoginpw(rs.getString("loginpw"));
                user.setName(rs.getString("name"));
```

```
                user.setSex(rs.getString("sex"));
                user.setAge(rs.getInt("age"));
                WebContext ctx = WebContextFactory.get( );
                HttpSession session=ctx.getSession( );
                session.setAttribute("userType", 1);
              session.setAttribute("user", user);
            }
            rs.close( );
        }
        catch (SQLException e)
        {
            System.out.println("登录失败！");
            e.printStackTrace( );
        }
        finally
        {
            mydb.closed( );
        }
    }
    if(userType==2)
    {

    }
    return result;
}
public String userLogout( )
    {
    try
    {
        Thread.sleep(700);
    }
    catch (InterruptedException e)
    {
        e.printStackTrace( );
    }
    WebContext ctx = WebContextFactory.get( );
    HttpSession session=ctx.getSession( );
    session.setAttribute("userType", null);
       session.setAttribute("user", null);
    return "yes";
    }
    public String adminPwEdit(String userPwNew)
    {
    System.out.println("DDDD");
    try
    {
        Thread.sleep(700);
    }
    catch (InterruptedException e)
    {
        // TODO Auto-generated catch block
        e.printStackTrace( );
    }
    WebContext ctx = WebContextFactory.get( );
    HttpSession session=ctx.getSession( );
    TAdmin admin=(TAdmin)session.getAttribute("admin");
    String sql="update t_admin set userPw=? where userId=?";
```

```
        Object[ ] params={userPwNew,admin.getUserId( )};
        DB mydb=new DB( );
        mydb.doPstm(sql, params);
        return "yes";
        }
}
```

15.4.2　后台管理主界面

1. 描述

系统后台管理主页面：左方页面展示了管理员可操作的功能，进入相关的管理页面可以链接到子菜单，并且高亮显示，每个管理模块下面都有相应的子菜单。

2. 系统后台管理主页面

系统后台管理主页面如图 15.10 所示。

图 15.10　系统后台管理员主页面

15.4.3　客房信息管理模块

1. 客房信息录入

（1）描述：管理员输入客房相关信息后单击“提交”按钮，如果是没有输入完整的客房信息，将会给出相应的错误提示，不能录入成功。输入数据都通过 form 表单中定义的方法 onsubmit="return checkForm( )"来检查，checkForm( )函数中是各种的校验输入数据的方式。

（2）客房信息录入页面如图 15.11 所示。

图 15.11　客房信息录入界面

2. 客房信息管理

（1）描述：管理员单击左侧的菜单“客房信息”，页面跳转到客房信息管理界面，调用后台的 servlet 类查询出所有的客房信息，并把这些信息转到数据集合 List 中，绑定到 Request 对象，然后页面跳转到相应的 JSP 页面，显示出客房信息。

（2）客房信息管理页面如图 15.12 所示。

客房信息管理							
序号	房号	面积	简介	图片	类型	价格	操作
1	101	80	环境优雅，干净卫生，可上网	查看图片	标准间	120	删除
2	102	60	环境优雅，干净卫生，可上网	查看图片	标准间	100	删除
3	103	77	环境优雅，干净卫生，可上网	查看图片	豪华间	130	删除
4	104	80	环境优雅，干净卫生，可上网	查看图片	豪华间	120	删除

添加

图 15.12　客房信息管理界面

3. 部分实现代码

```
public class kefang_servlet extends HttpServlet
{
public void service(HttpServletRequest req,HttpServletResponse res)throws Servlet
Exception, IOException
{
        String type=req.getParameter("type");
        if(type.endsWith("kefangAdd"))
        {
            kefangAdd(req, res);
        }
        if(type.endsWith("kefangMana"))
        {
            kefangMana(req, res);
        }
        if(type.endsWith("kefangDel"))
        {
            kefangDel(req, res);
        }
        if(type.endsWith("kefangAll"))
        {
            kefangAll(req, res);
        }
        if(type.endsWith("kefangDetailQian"))
        {
            kefangDetailQian(req, res);
        }
    }
    public void kefangAdd(HttpServletRequest req,HttpServletResponse res)
    {
        String id=String.valueOf(new Date( ).getTime( ));
        String fangjianhao=req.getParameter("fangjianhao");
        int fangjianmianji=Integer.parseInt(req.getParameter("fangjianmianji"));
        String fangjianjianjie=req.getParameter("fangjianjianjie");
        String fujian=req.getParameter("fujian");
        String fujianYuanshiming=req.getParameter("fujianYuanshiming");
        String kefangleixing=req.getParameter("kefangleixing");
        int rijiage=Integer.parseInt(req.getParameter("rijiage"));
        String del="no";
        if(liuService.panduan_fangjianhao(fangjianhao)==0)//房号不存在
        {
```

```
            String sql="insert into t_kefang values(?,?,?,?,?,?,?,?,?)";
            Object[ ]
params={id,fangjianhao,fangjianmianji,fangjianjianjie,fujian,fujianYuanshiming,kefangl-
eixing,rijiage,del};
            DB mydb=new DB( );
            mydb.doPstm(sql, params);
            mydb.closed( );
            req.setAttribute("message", "操作成功");
            req.setAttribute("path", "kefang?type=kefangMana");
        }
        else
        {
            req.setAttribute("message", "房号重复，请重新输入");
            req.setAttribute("path", "kefang?type=kefangMana");
        }
        String targetURL = "/common/success.jsp";
        dispatch(targetURL, req, res);
    }
    public void kefangMana(HttpServletRequest req,HttpServletResponse res) throws
ServletException, IOException
    {
        List kefangList=new ArrayList( );
        String sql="select * from t_kefang where del='no' order by kefangleixing";
        Object[ ] params={};
        DB mydb=new DB( );
        try
        {
            mydb.doPstm(sql, params);
            ResultSet rs=mydb.getRs( );
            while(rs.next( ))
            {
                Tkefang kefang=new Tkefang( );
                kefang.setId(rs.getString("id"));
                kefang.setFangjianhao(rs.getString("fangjianhao"));
                kefang.setFangjianmianji(rs.getInt("fangjianmianji"));
                kefang.setFangjianjianjie(rs.getString("fangjianjianjie"));
                kefang.setFujian(rs.getString("fujian"));
                kefang.setFujianYuanshiming(rs.getString("fujianYuanshiming"));
                kefang.setKefangleixing(rs.getString("kefangleixing"));
                kefang.setRijiage(rs.getInt("rijiage"));
                kefang.setDel(rs.getString("del"));
                kefangList.add(kefang);
            }
            rs.close( );
        }
        catch(Exception e)
        {
            e.printStackTrace( );
        }
        mydb.closed( );
        req.setAttribute("kefangList", kefangList);
        req.getRequestDispatcher("admin/kefang/kefangMana.jsp").forward(req, res);
    }
    public void kefangDel(HttpServletRequest req,HttpServletResponse res)
    {
        String sql="update t_kefang set del='yes' where id=?";
        Object[ ] params={req.getParameter("id")};
        DB mydb=new DB( );
```

```
            mydb.doPstm(sql, params);
            mydb.closed( );
            req.setAttribute("message", "操作成功");
            req.setAttribute("path", "kefang?type=kefangMana");
            String targetURL = "/common/success.jsp";
            dispatch(targetURL, req, res);
        }
        public void kefangAll(HttpServletRequest req,HttpServletResponse res) throws
ServletException, IOException
        {
            List kefangList=new ArrayList( );
            String sql="select * from t_kefang where del='no' order by kefangleixing";
            Object[ ] params={};
            DB mydb=new DB( );
            try
            {
                mydb.doPstm(sql, params);
                ResultSet rs=mydb.getRs( );
                while(rs.next( ))
                {
                    Tkefang kefang=new Tkefang( );
                    kefang.setId(rs.getString("id"));
                    kefang.setFangjianhao(rs.getString("fangjianhao"));
                    kefang.setFangjianmianji(rs.getInt("fangjianmianji"));
                    kefang.setFangjianjianjie(rs.getString("fangjianjianjie"));
                    kefang.setFujian(rs.getString("fujian"));
                    kefang.setFujianYuanshiming(rs.getString("fujianYuanshiming"));
                    kefang.setKefangleixing(rs.getString("kefangleixing"));
                    kefang.setRijiage(rs.getInt("rijiage"));
                    kefang.setDel(rs.getString("del"));
                    kefangList.add(kefang);
                }
                rs.close( );
            }
            catch(Exception e)
            {
                e.printStackTrace( );
            }
            mydb.closed( );
            req.setAttribute("kefangList", kefangList);
            req.getRequestDispatcher("qiantai/kefang/kefangAll.jsp").forward(req, res);
        }
        public void kefangDetailQian(HttpServletRequest req,HttpServletResponse res)
throws ServletException, IOException
        {
            req.setAttribute("kefang", liuService.get_kefang(req.getParameter("id")));
            req.getRequestDispatcher("qiantai/kefang/kefangDetailQian.jsp").forward(req,
res);
        }
        public void dispatch(String targetURI,HttpServletRequest request,HttpServletResponse
response)
        {
            RequestDispatcher dispatch=getServletContext( ).getRequestDispatcher(target
URI);
            try
            {
                dispatch.forward(request, response);
                return;
```

```
            }
            catch (ServletException e)
            {
                    e.printStackTrace( );
            }
            catch (IOException e)
            {
                e.printStackTrace( );
            }
        }
    }
```

15.4.4　预订信息管理模块

1. 描述

管理员单击左侧的菜单“预订信息”，页面跳转到预订信息管理界面，调用后台的 serlvet 类查询出所有的预订信息，并把这些信息转到数据集合 List 中，绑定到 Request 对象，然后页面跳转到相应的 JSP 页面，显示出预订信息。单击“取消预定”按钮，可以取消对当前客房的预订，并且扣除 5%的押金，单击入住按钮，可以完成对客房的入住操作。

2. 预订信息管理页面

如图 15.13 所示。

预订信息管理

序号	预订客房	入住时间	结束时间	押金	支付方式	预订时间	会员信息	操作
1	101	2012-11-19	2012-11-20	500	网银转账	2012-11-18 02:45	会员信息	取消预定 入住
2	103	2012-11-19	2012-11-20	500	网银转账	2012-11-18 02:45	会员信息	取消预定 入住

图 15.13　预订信息管理界面

3. 部分实现代码

```
public void yudingMana(HttpServletRequest req,HttpServletResponse res) throws Servlet
Exception, IOException
    {
        List yudingList=new ArrayList( );
        String sql="select * from t_yuding";
        Object[ ] params={};
        DB mydb=new DB( );
        try
        {
            mydb.doPstm(sql, params);
            ResultSet rs=mydb.getRs( );
            while(rs.next( ))
            {
                Tyuding yuding=new Tyuding( );

                yuding.setId(rs.getString("id"));
                yuding.setkefang_id(rs.getString("kefang_id"));
                yuding.setKaishishijian(rs.getString("kaishishijian"));
                yuding.setJieshushijian(rs.getString("jieshushijian"));
                yuding.setYajin(rs.getInt("yajin"));
                yuding.setZhifufangshi(rs.getString("zhifufangshi"));
                yuding.setYudingshijian(rs.getString("yudingshijian"));
                yuding.setUser_id(rs.getString("user_id"));
                yuding.setUser(liuService.getUser(rs.getString("user_id")));
                yuding.setKefang(liuService.get_kefang(rs.getString("kefang_id")));
```

```
                yudingList.add(yuding);
            }
            rs.close( );
        }
        catch(Exception e)
        {
            e.printStackTrace( );
        }
        mydb.closed( );
        req.setAttribute("yudingList", yudingList);
    req.getRequestDispatcher("admin/yuding/yudingMana.jsp").forward(req, res);
    }
    public void yudingDel(HttpServletRequest req,HttpServletResponse res)
    {
        String id=req.getParameter("id");
        String sql="delete from t_yuding where id=?";
        Object[ ] params={id};
        DB mydb=new DB( );
        mydb.doPstm(sql, params);
        mydb.closed( );
        req.setAttribute("msg", "取消预订扣除5%的押金，返回客户押金500-25=475");
        String targetURL = "/common/msg.jsp";
        dispatch(targetURL, req, res);
    }
    public void dispatch(String targetURI,HttpServletRequest request,HttpServletResponse
response)
    {
        RequestDispatcher dispatch = getServletContext( ).getRequestDispatcher(targetURI);
        try
        {
            dispatch.forward(request, response);
            return;
        }
        catch (ServletException e)
        {
                        e.printStackTrace( );
        }
        catch (IOException e)
        {
            e.printStackTrace( );
        }
    }
    public void init(ServletConfig config) throws ServletException
    {
        super.init(config);
    }
    public void destroy( )
    {

    }
}
```

15.4.5 新闻信息管理模块

1. 新闻信息录入

（1）描述：管理员输入新闻相关信息后单击录入按钮，如果是没有输入完整的公告信息，将会给出相应的错误提示，不能录入成功。输入数据都通过 form 表单中定义的方法 onsubmit="return checkForm( )"来检查，checkForm( )函数中是各种的校验输入数据的方式。

（2）新闻信息录入页面如图 15.14 所示。

图 15.14　新闻信息录入界面

2. 新闻信息管理

（1）描述：管理员单击左侧的菜单“新闻信息管理”，页面跳转到新闻信息管理界面，调用后台的 Action 类查询出所有的公告信息，并把这些信息封转到数据集合 List 中，绑定到 Request 对象，然后页面跳转到相应的 JSP 页面，显示出公告信息。

（2）新闻信息管理页面如图 15.15 所示。

新闻信息管理

序号	标题	发布时间	内容	操作
1	本店客服环境好，欢迎预定	2012-11-15 14:07	查看内容	删除
2	2222222222222222222222	2012-11-15 14:09	查看内容	删除

添加新闻信息

图 15.15　新闻信息管理界面

3. 部分实现代码

```
    public class news_servlet extends HttpServlet
    {
    public void service(HttpServletRequest req,HttpServletResponse res)throws Servlet
Exception, IOException
    {
            String type=req.getParameter("type");
        if(type.endsWith("newsAdd"))
        {
            newsAdd(req, res);
        }
        if(type.endsWith("newsMana"))
        {
            newsMana(req, res);
        }
        if(type.endsWith("newsDel"))
        {
            newsDel(req, res);
        }
        if(type.endsWith("newsDetailHou"))
        {
            newsDetailHou(req, res);
        }
        if(type.endsWith("newsAll"))
```

```
            {
                newsAll(req, res);
            }
            if(type.endsWith("newsDetailQian"))
            {
                newsDetailQian(req, res);
            }
        }
        public void newsAdd(HttpServletRequest req,HttpServletResponse res)
        {
            String id=String.valueOf(new Date( ).getTime( ));
            String title=req.getParameter("title");
            String content=req.getParameter("content");
            String shijian=new SimpleDateFormat("yyyy-MM-dd HH:mm").format(new Date( ));
            String sql="insert into t_news values(?,?,?,?)";
            Object[ ] params={id,title,content,shijian};
            DB mydb=new DB( );
            mydb.doPstm(sql, params);
            mydb.closed( );
            req.setAttribute("message", "操作成功");
            req.setAttribute("path", "news?type=newsMana");
            String targetURL = "/common/success.jsp";
            dispatch(targetURL, req, res);

        }
        public void newsDel(HttpServletRequest req,HttpServletResponse res)
        {
            String id=req.getParameter("id");
            String sql="delete from t_news where id=?";
            Object[ ] params={id};
            DB mydb=new DB( );
            mydb.doPstm(sql, params);
            mydb.closed( );
            req.setAttribute("message", "操作成功");
            req.setAttribute("path", "news?type=newsMana");
            String targetURL = "/common/success.jsp";
            dispatch(targetURL, req, res);
        }
        public void newsMana(HttpServletRequest req,HttpServletResponse res) throws Servlet
    Exception, IOException
        {
            List newsList=new ArrayList( );
            String sql="select * from t_news";
            Object[ ] params={};
            DB mydb=new DB( );
            try
            {
                mydb.doPstm(sql, params);
                ResultSet rs=mydb.getRs( );
                while(rs.next( ))
                {
                    Tnews news=new Tnews( );
                    news.setId(rs.getString("id"));
                    news.setTitle(rs.getString("title"));
                    news.setContent(rs.getString("content"));
                    news.setShijian(rs.getString("shijian"));
                    newsList.add(news);
```

```
            }
            rs.close( );
        }
        catch(Exception e)
        {
            e.printStackTrace( );
        }
        mydb.closed( );
        req.setAttribute("newsList", newsList);
        req.getRequestDispatcher("admin/news/newsMana.jsp").forward(req, res);
    }
    public void newsDetailHou(HttpServletRequest req,HttpServletResponse res) throws
ServletException, IOException
    {
        String id=req.getParameter("id");
        Tnews news=new Tnews( );
        String sql="select * from t_news where id=?";
        Object[ ] params={id};
        DB mydb=new DB( );
        try
        {
            mydb.doPstm(sql, params);
            ResultSet rs=mydb.getRs( );
            rs.next( );
            news.setId(rs.getString("id"));
            news.setTitle(rs.getString("title"));
            news.setContent(rs.getString("content"));
            news.setShijian(rs.getString("shijian"));
            rs.close( );
        }
        catch(Exception e)
        {
            e.printStackTrace( );
        }
        mydb.closed( );
        req.setAttribute("news", news);
        req.getRequestDispatcher("admin/news/newsDetailHou.jsp").forward(req, res);
    }
    public void newsAll(HttpServletRequest req,HttpServletResponse res) throws Servlet
Exception, IOException
    {
        List newsList=new ArrayList( );
        String sql="select * from t_news";
        Object[ ] params={};
        DB mydb=new DB( );
        try
        {
            mydb.doPstm(sql, params);
            ResultSet rs=mydb.getRs( );
            while(rs.next( ))
            {
                Tnews news=new Tnews( );
                news.setId(rs.getString("id"));
                news.setTitle(rs.getString("title"));
                news.setContent(rs.getString("content"));
                news.setShijian(rs.getString("shijian"));
                newsList.add(news);
            }
```

```
            rs.close( );
        }
        catch(Exception e)
        {
            e.printStackTrace( );
        }
        mydb.closed( );
        req.setAttribute("newsList", newsList);
        req.getRequestDispatcher("qiantai/news/newsAll.jsp").forward(req, res);
    }
    public void newsDetailQian(HttpServletRequest req,HttpServletResponse res) throws
ServletException, IOException
    {
        String id=req.getParameter("id");
        Tnews news=new Tnews( );
        String sql="select * from t_news where id=?";
        Object[ ] params={id};
        DB mydb=new DB( );
        try
        {
            mydb.doPstm(sql, params);
            ResultSet rs=mydb.getRs( );
            rs.next( );
            news.setId(rs.getString("id"));
            news.setTitle(rs.getString("title"));
            news.setContent(rs.getString("content"));
            news.setShijian(rs.getString("shijian"));
            rs.close( );
        }
        catch(Exception e)
        {
            e.printStackTrace( );
        }
        mydb.closed( );
        req.setAttribute("news", news);
        req.getRequestDispatcher("qiantai/news/newsDetailQian.jsp").forward(req, res);
    }
    public void dispatch(String targetURI,HttpServletRequest request,HttpServletResponse
response)
    {
        RequestDispatcher dispatch = getServletContext( ).getRequestDispatcher(targetURI);
        try
        {
            dispatch.forward(request, response);
            return;
        }
        catch(ServletException e)
        {
            e.printStackTrace( );
        }
        catch(IOException e)
        {
            e.printStackTrace( );
        }
    }
    public void init(ServletConfig config) throws ServletException
    {
        super.init(config);
```

15.4.6　留言信息管理模块

1. 留言信息管理

（1）描述：管理员单击左侧的菜单“留言信息管理”，页面跳转到留言信息管理界面，调用后台的 Action 类查询所有留言信息。

（2）留言信息管理页面如图 15.16 所示。

留言人：	刘三	留言时间：	2012-11-17 21:32	删除
标题：	1111111111111			
内容：	1111111111111			

图 15.16　留言信息管理界面

2. 留言信息删除

描述：先是单击留言信息管理，页面跳转到留言信息管理界面，浏览所有的留言信息，单击要删除的留言信息，即可删除该留言。

3. 部分实现代码

```
public class liuyan_servlet extends HttpServlet
{
    public void service(HttpServletRequest req,HttpServletResponse res)throws Servlet
Exception, IOException
    {
            String type=req.getParameter("type");
            if(type.endsWith("liuyanAdd"))
            {
                liuyanAdd(req, res);
            }
            if(type.endsWith("liuyanAll"))
            {
                liuyanAll(req, res);
            }
            if(type.endsWith("liuyanDel"))
            {
                liuyanDel(req, res);
            }
            if(type.endsWith("liuyanMana"))
            {
                liuyanMana(req, res);
            }
    }
    public void liuyanAdd(HttpServletRequest req,HttpServletResponse res)
    {
            String id=String.valueOf(new Date( ).getTime( ));
            String title=req.getParameter("title");
            String content=req.getParameter("content");
            String shijian=new SimpleDateFormat("yyyy-MM-dd HH:mm").format(new Date( ));
            String user_id="0";
            if(req.getSession( ).getAttribute("user")!=null)
            {
                Tuser user=(Tuser)req.getSession( ).getAttribute("user");
                user_id=user.getId( );
            }
            String sql="insert into t_liuyan values(?,?,?,?,?)";
            Object[ ] params={id,title,content,shijian,user_id};
            DB mydb=new DB( );
```

```
            mydb.doPstm(sql, params);
            mydb.closed( );
            req.setAttribute("message", "操作成功");
            req.setAttribute("path", "liuyan?type=liuyanAll");
            String targetURL = "/common/success.jsp";
            dispatch(targetURL, req, res);
        }
        public void liuyanAll(HttpServletRequest req,HttpServletResponse res) throws
ServletException, IOException
        {
            List liuyanList=new ArrayList( );
            String sql="select * from t_liuyan";
            Object[ ] params={};
            DB mydb=new DB( );
            try
            {
                mydb.doPstm(sql, params);
                ResultSet rs=mydb.getRs( );
                while(rs.next( ))
                {
                    Tliuyan liuyan=new Tliuyan( );
                    liuyan.setId(rs.getString("id"));
                    liuyan.setTitle(rs.getString("title"));
                    liuyan.setContent(rs.getString("content"));
                    liuyan.setShijian(rs.getString("shijian"));
                    liuyan.setUser_id(rs.getString("user_id"));
                    liuyan.setUser(liuService.getUser(rs.getString("user_id")));
                    liuyanList.add(liuyan);
                }
                rs.close( );
            }
            catch(Exception e)
            {
                e.printStackTrace( );
            }
            mydb.closed( );
            req.setAttribute("liuyanList", liuyanList);
        req.getRequestDispatcher("qiantai/liuyan/liuyanAll.jsp").forward(req, res);
        }
        public void liuyanDel(HttpServletRequest req,HttpServletResponse res)
        {
            String id=req.getParameter("id");
            String sql="delete from t_liuyan where id=?";
            Object[ ] params={id};
            DB mydb=new DB( );
            mydb.doPstm(sql, params);
            mydb.closed( );
            req.setAttribute("message", "操作成功");
            req.setAttribute("path", "liuyan?type=liuyanMana");
            String targetURL = "/common/success.jsp";
            dispatch(targetURL, req, res);
        }
        public void liuyanMana(HttpServletRequest req,HttpServletResponse res) throws
ServletException, IOException
        {
            List liuyanList=new ArrayList( );
            String sql="select * from t_liuyan";
            Object[ ] params={};
```

```
        DB mydb=new DB( );
        try
        {
            mydb.doPstm(sql, params);
            ResultSet rs=mydb.getRs( );
            while(rs.next( ))
            {
                Tliuyan liuyan=new Tliuyan( );
                liuyan.setId(rs.getString("id"));
                liuyan.setTitle(rs.getString("title"));
                liuyan.setContent(rs.getString("content"));
                liuyan.setShijian(rs.getString("shijian"));
                liuyan.setUser_id(rs.getString("user_id"));
                liuyan.setUser(liuService.getUser(rs.getString("user_id")));
                liuyanList.add(liuyan);
            }
            rs.close( );
        }
        catch(Exception e)
        {
            e.printStackTrace( );
        }
        mydb.closed( );
        req.setAttribute("liuyanList", liuyanList);
        req.getRequestDispatcher("admin/liuyan/liuyanMana.jsp").forward(req, res);
    }
    public void dispatch(String  targetURI,HttpServletRequest  request,HttpServlet
Response response)
    {
        RequestDispatcher dispatch=getServletContext( ).getRequestDispatcher(target
URI);
        try
        {
            dispatch.forward(request, response);
            return;
        }
        catch (ServletException e)
        {
                e.printStackTrace( );
        }
        catch (IOException e)
        {
            e.printStackTrace( );
        }
    }
    public void init(ServletConfig config) throws ServletException
    {
        super.init(config);
    }
    public void destroy( )
    {
    }
}
```

15.4.7　前台管理模块

1. 网站首页

（1）描述：酒店管理系统首页分由菜单导航栏与最新客房信息两部分组成。

（2）网站首页如图 15.17 所示。

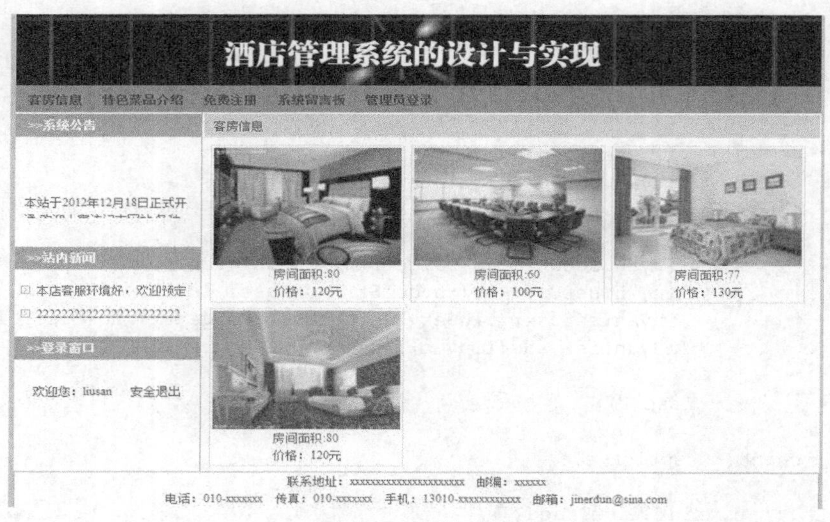

图 15.17　网站首页

2. 免费注册

（1）描述：新用户通过该模块实现网站注册功能。

（2）用户注册页面如图 15.18 所示。

图 15.18　用户注册界面

3. 客房信息

（1）描述：单击客房图片，打开客房详细信息查看界面。

（2）客房信息查看页面如图 15.19 所示。

图 15.19　客房信息查看界面

4．预订该客房

（1）描述：注册用户通过该模块实现客房预订操作。

（2）客房预订页面如图 15.20 所示。

入住时间：	2012-11-19
离开时间：	2012-11-20
预定押金：	500
支付方式：	网银转账
	提交　重置

图 15.20　客房预订界面

第16章 实验指导

实验一 Java运行环境

实验项目： Java运行环境

实验目的：

（1）掌握安装JDK的方法，配置环境变量，在记事本中编写Java源程序，使用命令对其进行编译并运行。

（2）掌握Eclipse下新建项目及Java程序的方法。

实验内容：

（1）编写第一个源程序HelloWorld.java，输出字符串“HelloWorld”。

（2）编写源程序Test.java，输出九九乘法表。

实验步骤：

实验1

（1）安装JDK（查看机器是否已经安装）。

（2）查看并设置环境变量。

```
java_home
path
classpath
```

（3）编写源程序HelloWorld.java。

```
public class HelloWorld
{
 public static void main(String[ ] args)
{//输出"HelloWorld"
}
}
```

（4）编译javac HelloWorld.java（在源程序所在目录下进行）。

（5）运行java HelloWorld（在源程序所在目录下进行）。

（6）进入其他目录下重复步骤（4），（5）。

（7）在Eclipse下完成程序。

实验2

主要步骤同上。

```
public class Test
{
 public static void main(String[ ] args)
{//输出九九乘法表
}
}
```

注意事项：

（1）在控制台输出使用 System.out.print("……")。

（2）注意 System.out.print("……") 与 System.out.print In("……")的区别。

实验二　类和对象

实验项目：类和对象

实验目的：

（1）理解对象的封装性。

（2）理解构造方法的定义。

（3）掌握使用类创建对象的方法。

（4）掌握 static 成员的用法。

（5）理解成员的访问权限。

实验内容：

（1）定义一个 Triangle 类，在类中定义一个构造方法，构造方法中使用方法的参数来初始化成员变量，并判断是否能构成三角形。定义一个求周长的方法，定义一个求面积的方法。定义一个 TestTriangle 类，用类创建对象，并调用这两个方法输出结果。

（2）定义一个 Person 类，要求类在 abc.def 包中，类中定义成员 num，类型是 int，非 private，用于计算成员方法 getName 的调用次数；另一成员 name，类型 String，private；定义构造方法，构造方法将形参值赋给成员变量；定义 getName 成员方法，非 private，用于读取 name 的值。另外，将次数 num 加 1。

在 TestPerson 类中，用 Person 类创建两个对象，分别输出这两个对象的两个成员的值。

实验步骤：

实验 1

（1）打开 Eclipse，新建一个 Java 项目。

（2）在项目下新建文件 TestTriangle.java，在该文件中定义类 Triangle 和 TestTriangle，在类体中完成相关程序。

部分程序如下。

```
class Triangle
{
 double sideA,sideB,sideC,area,length;
 boolean boo;
 /*在此处定义一个构造方法,在方法中将方法参数赋值给 3 个成员变量,并判断是否能构成三角形,给 boo 赋值*/
 double getLength( )
 { if(boo)
   {//计算周长
   }
```

```
    else
    {//输出不是三角形,不能计算周长
    }
  }
  public double getArea( )
  {
    if(boo)
    {//计算面积
    }
    else
    {//输出不是三角形,不能计算面积
    }
  }
}
public class TestTriangle
{
 public static void main(String[ ] args)
 {
  Triangle t=new Triangle(3,4,5);//可改变参数的值
  //输出周长
  //输出面积
 }
}
```

（3）运行程序。

实验 2

（1）打开 Eclipse，新建一个 Java 项目。

（2）在项目下新建一个包“abc.def”,在包下创建文件 TestPerson.java，在该文件中定义两个类 Person 和 TestPerson，在类体中完成相关程序。

部分程序如下。

```
package abc.def;
class Person
{
//此处定义 num，类型是 int,非 private,用于计算成员方法 getName 的调用次数
private String name;
//此处定义一构造方法,构造方法将形参值赋给成员变量
//此处定义 getName 成员方法,非 private,用于读取 name 的值,另外将次数 num 加 1
}
public class TestPerson
{
 public static void main(String[ ] args)
 {
  Person p1=new Person("wang");
  //输出 p1 的 name 及 num 成员(此时 num 应该为 1)
  Person p2=new Person("zhao");
  //输出 p2 的 name 及 num 成员(此时 num 应该为 2)
 }
}
```

（3）运行程序。

注意事项：

（1）实验 1 计算面积方法，若三边是 a，b，c，半周长是 p，面积计算方法如下。

面积=Math.sqrt(p*(p-a)*(p-b)*(p-c));

（2）实验 1 中要注意 Triangle 类中构造方法的参数应该与调用构造方法时的参数个数和类型一致。

（3）实验 2 中如果使用命令行编译和运行，应该如何编译和运行？

实验三　类的继承

实验项目：类的继承

实验目的：理解继承机制，掌握继承的使用方法，掌握继承中构造函数的使用，掌握 super 关键字的用法。

实验内容：

程序包含 3 个类：TestA、TestB 和 Test。其中，已定义 TestA 类和 Test 类，要求不得改变 TestA 类和 Test 类中程序，并且定义 TestB 类完成以下功能，最后要求程序的输出结果是"helloworld20132014"。

定义 TestB 类使得它继承 TestA，在 TestB 中重写继承的 fun1( )方法，并且在重写的 fun1( )方法中调用从父类继承的 fun1( )方法；在 TestB 中定义新添加的 fun2( )方法；在 TestB 中定义一个无参的构造方法。

实验步骤：

（1）打开 Eclipse，新建一个 Java 项目。

（2）在项目下新建文件 Test.java，在该文件中定义 3 个类 TestA、TestB 和 Test，在类体中完成相关程序。

部分程序如下。

```
/*TestA 类中程序不得改变*/
class TestA
{
 int i;
 TestA(int i)
 {
  this.i=i;
 }
 void fun1( )
 {
  System.out.print("hello");
 }
}
/*按要求定义 TestB 类*/
class TestB extends TestA
{
}
/*以下程序不得改变*/
public class Test
{
 public static void main(String[ ] args)
 {
  String str;
  TestB tb=new TestB( );
```

```
    tb.fun1( );
    System.out.print(tb.i);
    str=tb.fun2( );
    System.out.println(str);
   }
  }
```

（3）运行程序。

//要求程序运行结果：helloworld20132014

注意事项：

（1）注意 super 的用法。

（2）注意重写继承的成员方法。

实验四　抽象类

实验项目：抽象类

实验目的：理解抽象类的定义，掌握抽象类的使用。

实验内容：

定义抽象类 A，A 中仅有一抽象方法 f1，无参，无返回值。

定义类 B，B 中定义两个成员方法 f2，f3。

定义类 TestAbs，类中已定义了 f4 方法和 main( )方法，完成 main( )方法，要求在 main( )方法中调用 f2 和 f4 方法，使得程序输出结果是“helloworld”。

实验步骤：

（1）打开 Eclipse，新建一个 Java 项目。

（2）在项目下新建文件 TestAbs.java，在该文件中定义 3 个类 A、B 和 TestAbs，在类体中完成相关程序。

部分程序如下。

```
abstract class A
{
}
class B
{
 void f2(A a)
 {
   a.f1( );
 }
 void f3( )
 {System.out.println("world");
 }
}
public class TestAbs
{
 static void f4(B b)
 {b.f3( );
 }
public static void main(String[ ] args)
 {
//创建 B 的对象，调用 f2 方法
```

```
  }
 }
```

（3）运行程序。

注意事项：

（1）注意抽象方法的写法。

（2）调用 f2 方法时参数可使用匿名类。

实验五　接口

实验项目：接口

实验目的：理解接口的功能，掌握接口的使用方法。

实验内容：

定义一个 IShape 接口，在接口中定义一个求面积的抽象方法 getArea( )，方法类型是 double，无参。

定义 Circle 类实现该接口，类中定义一个成员变量（半径），定义一个构造方法，调用构造方法时可将参数值赋给成员变量。

定义 Rectangle 类实现该接口，类中定义两个成员变量（长，宽），定义一个构造方法，调用构造方法时可将参数值赋给成员变量。

定义 TestInterface 类，用 IShape 创建接口变量 s1、s2，分别使用它们求圆的面积和矩形的面积。半径、长、宽在参数中指定。

实验步骤：

（1）打开 Eclipse，新建一个 Java 项目。

（2）在项目下新建文件 TestInterface.java，在该文件中定义接口 IShape，定义 3 个类 Circle、Rectangle 和 TestInterface，在接口体和类体中完成相关程序。

部分程序如下。

```
interface IShape
{
 //定义抽象方法
}
class Circle//实现接口
{
 //定义一个成员变量（半径）
 //定义一个构造方法,调用构造方法时可将参数值赋给成员变量
 //实现接口中抽象方法,求出圆的面积
}
class Rectangle//实现接口
{
 //类中定义两个成员变量（长，宽）
 //定义一个构造方法,调用构造方法时可将参数值赋给成员变量
 //实现接口中抽象方法,求出矩形的面积
}
public class TestInterface
{
```

```
 public static void main(String[ ] a)
 {
  IShape s1,s2;//使用 s1,s2 分别求圆的面积和矩形的面积,半径、长、宽在参数中指定
 }
}
```

（3）运行程序。

实验六　多态

实验项目：多态

实验目的：理解多态机制，掌握上转型对象的使用。

实验内容：

定义接口 say，接口体中定义 speak( )方法，无参，无返回值。

定义 Person 类，该类实现接口 say，在实现的 speak( )方法中输出“speaked by Person”。

定义 Student 类，该类也实现接口 say，在实现的 speak( )方法中输出“speaked by Person”，并且 Student 类是 Person 类的直接子类。

定义 Te 类，在该类中定义成员方法 test( )，该方法已经给出（不用写）。另外，在 main( )方法中，用 Te 创建对象 t，要求使用 t 调用 test( )方法，输出结果如下。

Speaked by Person

speaked by Student

实验步骤：

（1）打开 Eclipse，新建一个 Java 项目。

（2）在项目下新建文件 Te.java，在该文件中定义接口 say，定义 3 个类 Person、Student 和 Te，在接口体和类体中完成相关程序。

部分程序如下。

```
interface say
{
}
class Person //实现接口 say
{
}
class Student //实现接口 say,且继承类 Person
{
}
public class Te
{
 void test(Person p)
 {
  p.speak( );
 }
 public static void main(String[ ] args)
 {
  Te t=new Te( );
 //利用对象 t 调用 test 方法,两条调用语句
 }
}
```

（3）运行程序。

注意事项：

（1）注意一个类如果同时实现一个接口和继承另一个类，类的声明部分的写法。

（2）注意调用 test( )方法时使用上转型对象。

实验七　字符串

实验项目：字符串

实验目的：

（1）掌握创建字符串对象的方法。

（2）掌握 String 类的常用方法。

（3）掌握正则表达式的定义及使用方法。

实验内容：

（1）编写源程序 Test1.java，编写身份证号码的正则表达式，要求合法的身份证号码必须是 15 位纯数字，或者 18 位纯数字或 17 位纯数字加字母 X 结尾。定义一个身份证号码，将它与正则表达式匹配，输出匹配结果。

（2）编写源程序 Test2.java，将字符串中索引为偶数的字符取出，组成一个新的字符串，并且使字符串中的每一个字符变成其下一个字符。输出新字符串，如字符串是“helloworld”，则新的字符串是“imppm”。

实验步骤：

实验 1

（1）打开 Eclipse，新建一个 Java 项目。

（2）在项目下新建一类 Test1，在类体中完成程序。

部分程序如下。

```
public class Test1
{
 public static void main(String[ ] args)
{
 String str="正则表达式";
 String s="身份证号";
 System.out.println(s.matches(str));
}
}
```

（3）运行程序。

实验 2

主要步骤同上，部分程序如下。

```
public class Test2
{
 public static void main(String[ ] args)
{
//使用 length 方法,charAt 方法,连接方法
//注意类型的转换
}
}
```

注意事项：

（1）注意正则表达式的写法。

（2）注意方法的参数。

实验八　异常处理

实验项目： 异常处理

实验目的： 理解异常机制，理解 try、catch、finally、throws 和 throw 的使用，掌握自定义异常类的使用。

实验内容：

定义异常类 Nopos，在类中定义构造方法，在构造方法中确定异常信息为“m 或 n 不是正整数”，m 和 n 在输出时要用具体值。

定义 Computer 类，类中定义成员方法 int f(int m,int n)，若 m<0 或 n<0 则抛出自定义的异常，否则求 m 和 n 的最大公约数。

定义 TestException 类，在 main( )方法中，用 Computer 类创建对象，用对象调用 f( )方法，若参数正确则求出公约数，否则输出异常信息。

实验步骤：

（1）打开 Eclipse，新建一个 Java 项目。

（2）在项目下新建文件 TestException.java，在该文件中定义 3 个类 Nopos、Computer 和 TestException，在类体中完成相关程序。

部分程序如下。

```
class Nopos //自定义异常类
{Nopos(int m,int n)
 { //设置异常信息："m 或 n 不是正整数"
 }
}
class Computer
{ //f 方法求参数 m 和 n 的最大公约数
 public int f(int m,int n)
 { if(n<=0||m<=0)
  { //抛出自定义的异常
  }
  if(m<n)
  {交换 m 和 n
  }
  //可用辗转相除法求最大公约数
 }
}
public class TestException
{public static void main(String args[ ])
 {int m=24,n=36,result=0;
  Computer a=new Computer( );
  result=a.f(m,n);
  System.out.println(m+"和"+n+"的最大公约数 "+result);
  m=-12;
  n=22;
```

```
    result=a.f(m,n);
    System.out.println(m+"和"+n+"的最大公约数 "+result);
    }
  }
}
```

（3）运行程序。

注意事项：

（1）注意异常类的定义。

（2）注意 5 个关键字的用法。

实验九　输入流和输出流

实验项目： 输入流和输出流

实验目的： 理解输入流和输出流，掌握利用文件输入流和文件输出流进行读写的方法。

实验内容：

（1）已有一段英文文本存储在 1.txt 中，要求：编写程序利用输入流和输出流将该文件中的所有内容复制到另外一个文件 2.txt 中，并且将其内容在屏幕上显示出来。使用字节流实现复制。

（2）在 1.txt 中加入汉字字符，使用字符流实现复制。

实验步骤：

实验 1

（1）打开 Eclipse，新建一个 Java 项目。

（2）在项目下新建文件 TestCopy.java，在该文件中定义一个类 TestCopy，在类体中完成相关程序。

（3）创建 FileInputStream 输入流对象（利用 1.txt）、FileOutputStream 输出流对象（利用 2.txt）。

（4）调用输入流对象的 read( )方法，注意使用循环。若返回值为-1，表示读取结束，在循环体中将读取的文本写入输出流和屏幕。

（5）运行。

实验 2

步骤（1）、（2）同实验 1，步骤（3）和（4）如下。

（3）创建 FileReader 输入流对象（利用 1.txt）、FileWriter 输出流对象（利用 2.txt）。

（4）调用输入流对象的 read( )方法，注意使用循环。若返回值为-1，表示读取结束，在循环体中将读取的文本写入输出流和屏幕。

注意事项：

（1）注意创建流对象时可能抛出的异常。

（2）注意 read( )方法可能抛出的异常。

（3）注意不同输入流对象 read( )方法的参数类型。

实验十　Java Swing

实验项目： Java Swing

实验目的： 掌握使用 Java Swing 设计图形界面的方法。

实验内容：

设计一个简单计算器。界面如下图所示。

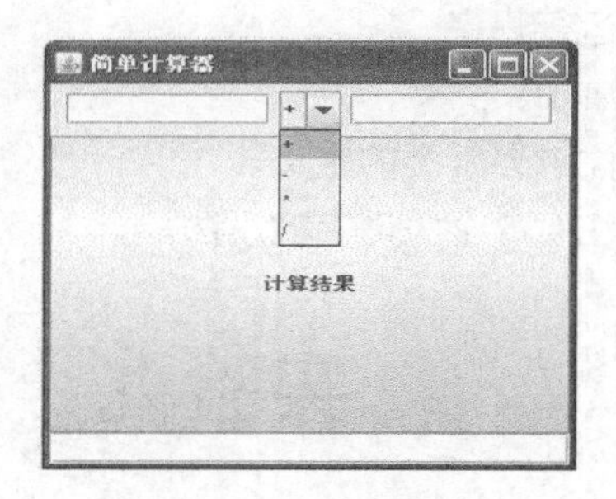

设计要求如下。

（1）设计一窗口，其标题显示“简单计算器”，窗口位置（100，100），窗口大小（300，300）。

（2）使用 JTextField 创建用于计算的两个操作数及其计算结果（最底部）。

（3）使用 JComboBox 创建四个运算符号。

（4）使用 JButton 创建“计算结果”。

（5）将需输入的两个数和操作符放在一个面板上（JPanel），其布局使用默认布局 FlowLayout。

（6）对窗口使用布局管理器 BorderLayout，其 EAST 和 WEST 可以不设置。

（7）要求窗口能够关闭。

实验步骤：

（1）打开 Eclipse，新建一个 Java 项目。

（2）在项目下新建文件 SimpleCa.java，在该文件中定义一个类 SimpleCa，在类体中完成相关程序。

（3）运行程序。

注意事项：

（1）注意布局管理器的使用。

（2）关闭窗口使用 setDefaultCloseOperation(JFrame.EXIT_ON_CLOSE)方法。

实验十一　事件处理

实验项目：事件处理

实验目的：理解监听事件原理，掌握 Java Swing 中事件处理的方法。

实验内容：

在实验十设计的简单计算器界面基础上，实现计算机功能。输入两个操作数，选择操作符，单击“计算结果”，显示结果。如右图所示。

设计要求如下。

（1）编写事件处理器，实现 ActionListener 接口，将处理程序写在以下方法中。

```
public void actionPerformed(ActionEvent e)
{
//处理程序
}
```

（2）在处理程序中，先获取 JTextField 中操作数，使用 getText( )方法（返回值是 String 类型），但计算前将 String 类型转换成基本类型（如 double）。

比如，可以写成以下形式。

```
double a=Double.valueOf(t1.getText( )).doubleValue( );
```

（3）在程序中获取操作符，如可使用 int c=jcb.getSelectedIndex( );语句，根据获取的值进行相应的运算。

（4）将计算结果显示在最底部的 JTextField 中，调用 setText( )方法。

（5）给“计算结果”按钮注册监听器，使用创建的事件处理器对象。

实验步骤：

（1）打开 Eclipse，打开实验十的项目。

（2）在项目下打开文件 SimpleCa.java，在该文件中继续补充完成类 SimpleCa。

（3）运行程序。

注意事项：

（1）注意类型的转换。

（2）注意相关包的引入，如下。

```
import javax.swing.*;
import java.awt.*;
import java.awt.event.*;
```

实验十二　数据库编程

实验项目：数据库编程

实验目的：掌握 Java 中连接数据库及访问数据库的方法。

实验内容：

现有 ACCESS 示例数据库 NorthWind.mdb，该数据库中有一张“客户”表，要求编写程序访问该数据库并显示出该表中所有记录的前 3 个字段信息。

实验步骤：

（1）打开 Eclipse，新建一个 Java 项目。

（2）在项目中新建文件 TestData.java，在该文件中定义一个类 TestData，在类体中完成相关程序。

① 设置数据源。

② 加载驱动程序：“Class.forName("sun.jdbc.odbc.JdbcOdbcDriver");”。

③ 建立连接。

Connection con=DriverManager.getConnection("jdbc:odbc:数据源名称","","");

④ 建立 Statement 对象。

Statement sql=con.createStatement( );

⑤ 执行查询语句。

ResultSet rs=sql.executeQuery("sql 语句");

⑥ 使用循环将结果集内容 rs 显示出来。

（3）运行。

注意事项：注意引入包“import java.sql.*;”。

参考源代码

实验一　Java 运行环境

```
//HelloWorld.java
public class Test
{
public static void main(String args[ ])
{
 System.out.println(“HelloWorld”);
}
}
//Test.java
public class Test
{
public static void main(String args[ ])
{
 int i,j;
 for(i=1;i<=9;i++)
  {for(j=1;j<=i;j++)
  System.out.print(i+"*"+j+"="+i*j+"  ");
  System.out.println( );
  }
}
}
```

实验二　类和对象

```
// TestTriangle.java
class Triangle
{
 double sideA,sideB,sideC,area,length;
 boolean boo;
 Triangle(double sa,double sb,double sc)
 {
  sideA=sa;
  sideB=sb;
  sideC=sc;
  if(sideA+sideB>sideC&&sideA+sideB>sideC&&sideC+sideA>sideB)
   boo=true;
 }
 double getLength( )
 { if(boo)
   {
     return (sideA+sideB+sideC);
   }
   else
   {
     return 0;
   }
```

```
 }
 public double getArea( )
 {
   if(boo)
   {
    double p=0.5*(sideA+sideB+sideC);
    return Math.sqrt(p*(p-sideA)*(p-sideB)*(p-sideC));
   }
   else
   {
     return 0;
   }
 }
}
public class TestTriangle
{
 public static void main(String[ ] args)
 {
  Triangle t=new Triangle(3,4,5);//可改变参数的值
  double l,s;
  l=t.getLength( );
  s=t.getArea( );
  if(l!=0)
   System.out.println(l);
  else
    System.out.println("输出不是三角形，不能计算周长");
  if(s!=0)
   System.out.println(s);
  else
  System.out.println("输出不是三角形，不能计算面积");

 }
}


// TestPerson.java
package abc.def;
class Person
{
 int num;
 private String name;
 Person(String name)
 {
  this.name=name;
 }
public String getName( )
{
num++;
return name;
}
}

public class TestPerson
{
 public static void main(String[ ] args)
 {

  Person p1=new Person("wang");
```

```
   //输出p1的name及age成员
   System.out.println(p1.getName( )+p1.num);
   Person p2=new Person("zhao");
   System.out.println(p2.getName( )+p2.num);
  }
 }
```

实验三　类的继承

```
//Test.java
class TestA
{
 int i;
 TestA(int i)
 {
  this.i=i;
 }
 void fun1( )
 {
  System.out.print("hello");
 }
}
class TestB extends TestA
{void fun1( )
 {super.fun1( );
  System.out.print("world");
 }
 TestB( )
 {
  super(2013);
 }
 String fun2( )
 {
  return "2014";
 }
}
public class Test
{
 public static void main(String[ ] args)
 {
  String str;
  TestB tb=new TestB( );
  tb.fun1( );
  System.out.print(tb.i);
  str=tb.fun2( );
  System.out.println(str);
 }
}
```

实验四　抽象类

```
//TestAbs.java
abstract class A
{
 abstract void f1( );
}
class B
{
 void f2(A a)
 {
   a.f1( );
 }
```

```
 void f3( )
 {System.out.println("world");
 }
}
public class TestAbs
{
 static void f4(B b)
 {b.f3( );
 }
public static void main(String[ ] args)
 {B b1=new B( );
  b1.f2(new A( )
      {void f1( )
       {System.out.print("hello");
       }
      });
  f4(new B( ));
 }

}
```

实验五 接口

```
// TestInterface.java
interface IShape
{
 double getArea( );
}

class Circle implements IShape
{
 double radius;
 Circle(double r)
 {radius=r;
 }
 public double getArea( )
 {
  return 3.14*radius*radius;
 }
}

class Rectangle implements IShape
{
 double height,width;
 Rectangle(double h,double w)
 {
  height=h;
  width=w;
 }
 public double getArea( )
 {
  return height*width;
 }
}
public class TestInterface
{
 public static void main(String[ ] a)
 {
  IShape s1,s2;
  s1=new Circle(2);
```

```
  s2=new Rectangle(4,5);
  System.out.println(s1.getArea( ));
  System.out.println(s2.getArea( ));
 }
}
```

实验六　多态

```
//Te.java
interface say
{
 void speak( );
}
class Person implements say
{
public void speak( )
 {
System.out.println("speaked by Person");
 }
}
class Student extends Person implements say
{
 public void speak( )
 {
System.out.println("speaked by Student");
 }
}
class Te
{
 void test(Person p)
 {
  p.speak( );
 }
 public static void main(String[ ] args)
 {
  Te t=new Te( );
  t.test(new Person( ));
  t.test(new Student( ));
 }
}
```

实验七　字符串

```
//Test1.java
public class Test
{
public static void main(String args[ ])
{
 String str="\\d{15}|\\d{17}[\\d|x]";
 String s="342601198307031";
 System.out.println(s.matches(str));
}
}
//Test2.java
public class Test2
{
public static void main(String args[ ])
{
 String s="helloworld",t="";
for (int i=0;i<s.length( );i+=2)
t+=(char)(s.charAt(i)+1);
```

```
 System.out.println(t);
}
}
```

实验八　异常处理

```
// TestException.java
class Nopos extends Exception
{Nopos(int m,int n)
 {  super(m+"或"+n+"不是整数");
 }
}
class Computer
{ //f 求最大公约数
 public int f(int m,int n) throws Nopos
 { if(n<=0||m<=0)
  { Nopos e1=new Nopos(m,n);
   throw e1;
  }
  if(m<n)
  {int temp=0;
  temp=m;
  m=n;
  n=temp;
  }
  int r=m%n;
  while(r!=0)
  { m=n;
   n=r;
   r=m%n;
  }
  return n;
 }
}
public class TestException
{public static void main(String args[ ])
 {int m=24,n=36,result=0;
  Computer a=new Computer( );
  try
  {result=a.f(m,n);
  System.out.println(m+"和"+n+"的最大公约数 "+result);
  m=-12;
  n=22;
  result=a.f(m,n);
  System.out.println(m+"和"+n+"的最大公约数 "+result);
  }
  catch(Nopos e)
  {System.out.println(e.getMessage( ));
  }
 }
}
```

实验九　输入流和输出流

```
//TestCopy1.java
import java.io.*;
public class TestCopy1{
public static void main(String[ ] args) {
byte[ ] b=new byte[10];
try {
FileInputStream input = new FileInputStream("1.txt");
```

```
FileOutputStream br = new FileOutputStream("2.txt");
int len=input.read(b);
while (len!=-1 ) {

String str=new String(b,0,len);
br.write(b,0,len);
System.out.print(str);
len= input.read(b);
}
input.close( );
br.close( );
} catch (IOException e) {
e.printStackTrace( );
}
}
}
```

```
//TestCopy2.java
import java.io.*;
public class TestCopy {
public static void main(String[ ] args) {
try {
FileReader input = new FileReader("1.txt");
BufferedReader br = new BufferedReader(input);
FileWriter output = new FileWriter("2.txt");
BufferedWriter bw = new BufferedWriter(output);
String s=br.readLine( );
while ( s!=null ) {
bw.write(s);
bw.newLine( );
System.out.println(s);
s = br.readLine( );
}
br.close( );
bw.close( );
} catch (IOException e) {
e.printStackTrace( );
}
}
}
```

```
//TestCopy2.java(方法二)
import java.io.*;
public class TestCopy2{
public static void main(String[ ] args) {
try {
FileReader input = new FileReader("1.txt");
FileWriter output = new FileWriter("temp.txt");
int c=input.read( );
while ( c != -1 ) {
output.write(c);
System.out.print((char)c);
c = input.read( );
}
input.close( );
output.close( );
} catch (IOException e) {
System.out.println(e);
}
```

```
}
}
```

实验十　Java Swing

```
// SimpleCa.java
import javax.swing.*;
import java.awt.*;
import java.awt.event.*;
public class SimpleCa extends JFrame{
SimpleCa(String s)
{super(s);
}
public static void main(String[ ] args) {
SimpleCa s=new SimpleCa("简单计算器");
s.setLayout(new BorderLayout( ));
final JTextField t1=new JTextField(10);
final JTextField t2=new JTextField(10);
final JTextField t3=new JTextField( );
JButton b=new JButton("计算结果");
JPanel p=new JPanel( );
s.setBounds(100, 100, 300, 300);
String[ ] str={"+","-","*","/"};
final JComboBox jcb=new JComboBox(str);
p.add(t1);
p.add(jcb);
p.add(t2);
s.add(p,BorderLayout.NORTH);
s.add(t3,BorderLayout.SOUTH);
s.add(b,BorderLayout.CENTER);
s.setVisible(true);
s.setDefaultCloseOperation(JFrame.EXIT_ON_CLOSE);

}

}
```

实验十一　事件处理

```
// SimpleCa.java
import javax.swing.*;
import java.awt.*;
import java.awt.event.*;
public class SimpleCa extends JFrame{
SimpleCa(String s)
{super(s);
}
public static void main(String[ ] args) {
SimpleCa s=new SimpleCa("简单计算器");
s.setLayout(new BorderLayout( ));
final JTextField t1=new JTextField(10);
final JTextField t2=new JTextField(10);
final JTextField t3=new JTextField( );
JButton b=new JButton("计算结果");
JPanel p=new JPanel( );s.setBounds(100, 100, 300, 300);
String[ ] str={"+","-","*","/"};
final JComboBox jcb=new JComboBox(str);
p.add(t1);
p.add(jcb);
p.add(t2);
s.add(p,BorderLayout.NORTH);
```

```
 s.add(t3,BorderLayout.SOUTH);
 s.add(b,BorderLayout.CENTER);
 s.setVisible(true);
 s.setDefaultCloseOperation(JFrame.EXIT_ON_CLOSE);
 b.addActionListener(
  new ActionListener( )
  {
   public void actionPerformed(ActionEvent e)
   {double a=Double.valueOf(t1.getText( )).doubleValue( );
    double b=Double.valueOf(t2.getText( )).doubleValue( );
    int c=jcb.getSelectedIndex( );
    double result=0;
    switch(c)
    {case 0: result=a+b;break;
     case 1: result=a-b;break;
     case 2: result=a*b;break;
     case 3: result=a/b;break;
    }
    t3.setText(""+result);
   }
  }
 );
 }

 }
```

实验十二　数据库编程

```
// TestData.java, 先设置数据源 nw
import java.sql.*;
public class TestData
{  public static void main(String args[ ])
   {Connection con;
    Statement sql;
    ResultSet rs;
    try{Class.forName("sun.jdbc.odbc.JdbcOdbcDriver");
       }
    catch(ClassNotFoundException e)
        {System.out.println(""+e);
        }
    try{con=DriverManager.getConnection("jdbc:odbc:nw","","");
        sql=con.createStatement( );
        rs=sql.executeQuery("SELECT * FROM 客户");
        while(rs.next( ))
        {String i=rs.getString(1);
         String j=rs.getString("公司名称");
         String k=rs.getString(3);
         System.out.print("姓名: "+i);
         System.out.print("公司: "+j);
         System.out.println("联系人: "+k);
         }
         con.close( );
        }
     catch(SQLException e)
         {System.out.println(e);
         }
   }
}
```